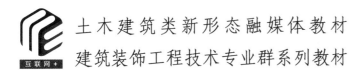

土木建筑类新形态融媒体教材

建筑装饰工程技术专业群系列教材

建筑装饰装修工程计量与计价

主　编　董尧犇　房荣敏

主　审　冯美宇

科 学 出 版 社

北 京

内 容 简 介

全书分为 2 个模块，其中模块 1 为建筑装饰装修工程计量与计价基础知识，包括建筑装饰装修工程工程量清单计价、建筑装饰装修工程预算定额的编制与应用；模块 2 为建筑装饰装修工程计量与计价实践应用，包括楼地面工程计量与计价、墙、柱面工程计量与计价，天棚工程计量与计价，门窗工程计量与计价，油漆、涂料、裱糊工程计量与计价，以及其他装饰工程计量与计价。

本书可作为全日制本科、职业本科、高等职业专科学校土木建筑类专业的教学用书，也可供相关领域从业者参考使用。

图书在版编目（CIP）数据

建筑装饰装修工程计量与计价/董尧鞞，房荣敏主编. —北京：科学出版社，2025.1

土木建筑类新形态融媒体教材　建筑装饰工程技术专业群系列教材
ISBN 978-7-03-071106-9

Ⅰ.①建… Ⅱ.①董… ②房… Ⅲ.①建筑装饰-工程造价-高等职业教育-教材 Ⅳ.①TU723.3

中国版本图书馆 CIP 数据核字（2021）第 261208 号

责任编辑：张振华　刘建山 / 责任校对：赵丽杰
责任印制：吕春珉 / 封面设计：东方人华平面设计部

科 学 出 版 社 出版
北京东黄城根北街 16 号
邮政编码：100717
http://www.sciencep.com

天津市新科印刷有限公司印刷
科学出版社发行　各地新华书店经销
*
2025 年 1 月第 一 版　开本：787×1092　1/16
2025 年 1 月第一次印刷　印张：13 1/2
字数：300 000
定价：58.00 元
（如有印装质量问题，我社负责调换）
销售部电话 010-62136230　编辑部电话 010-62135120-2005

前　言

　　本书编写贯彻党的二十大报告、《普通高等学校教材管理办法》和《高等学校课程思政建设指导纲要》等相关文件精神，紧紧围绕"培养什么人、怎样培养人、为谁培养人"这一教育的根本问题，以落实立德树人为根本任务。本书以建筑装饰装修工程计量与计价为主线，以工作任务为载体，以职业活动能力为目标，通过校企双元合作，对建筑装饰装修工程的知识体系和技能体系进行了重构和梳理。本书的内容安排采用以项目为单元、以工作任务为载体的结构，即以项目为单元组织内容，以工作任务为内容选择的参照点，以行为导向为方法，根据职业能力培养的需要，将课程内容设计为具体技能训练的工作任务。本书选取的项目均是从实际工作中提炼的典型岗位的工作任务，强调实践性和实用性，注重应用型人才能力的培养。本书着重介绍民用建筑常用的装饰装修施工技术中涉及的计量与计价的方法与技能，在具体的项目内容设计上遵循"理论适度，重在技能"的理念。

　　本书由课程导入和 2 个模块（共 8 个项目）组成，其中模块 1 为建筑装饰装修工程计量与计价基础知识，包括建筑装饰装修工程工程量清单计价和建筑装饰装修工程预算定额的编制与应用；模块 2 为建筑装饰装修工程计量与计价实践应用，包括楼地面工程计量与计价，墙、柱面工程计量与计价，天棚工程计量与计价，门窗工程计量与计价，油漆、涂料、裱糊工程计量与计价和其他装饰工程计量与计价。每个项目内容包括项目概述、任务解析、综合实战和能力评价，帮助读者系统学习和训练职业知识与技能。

　　本书由董尧犨（山西工程科技职业大学）、房荣敏（石家庄职业技术学院）担任主编，付志芳（山西省建筑装饰工程有限公司）、陈伟东（山西众成工程造价咨询有限公司）参与编写，冯美宇（山西工程科技职业大学）担任主审。

　　在编写本书的过程中，编者得到了所在学校的大力支持，在此表示衷心的感谢！本书参考了许多同类教材、专著，引用了实际工程中的一些案例，在此一并致谢！

　　本书对建筑装饰专业的建筑装饰装修工程计量与计价的课程内容和体系进行了一系列改革的尝试和探索，但能否达到预期目的，有待于在教学实践过程中进行检验和完善。

　　由于编者水平有限，书中难免有不妥之处，敬请广大读者不吝指正，以期进一步修订完善。

目　　录

模块2　建筑装饰装修工程计量与计价实践应用

建筑装饰装修工程概述

▮**学习目标**　1. 了解建筑装饰装修工程的基本概念。
　　　　　　2. 了解建筑装饰装修工程的类型。
　　　　　　3. 熟悉基本建设经济文件的内容。
　　　　　　4. 掌握建筑装饰装修工程造价的基本原理。

▮**能力要求**　1. 能对建设项目案例中装饰项目的类型、建设程序、项目分解
　　　　　　　进行描述。
　　　　　　2. 能进行项目建设、基本建设经济文件的工作分配和安排。

▮**思政目标**　1. 坚定技能报国、民族复兴的信念，立志成为行业拔尖人才。
　　　　　　2. 树立正确的学习观、价值观、人生观，培养职业认同感、责
　　　　　　　任感和荣誉感。

0.1 建筑装饰装修工程计价课程的内容和任务

建筑装饰装修工程计价是建筑装饰专业的一门重要课程，要求学生掌握工程制图、施工技术、施工组织与管理等相关知识，具有预算员岗位的专业技能。在理论知识上，必须掌握装饰装修预算编制原理、装饰装修工程预算费用的构成、装饰装修工程预算编制程序、工程量清单计价规范等内容，了解装饰装修工程预算定额的编制方法等。在专业技能上，必须具备装饰装修工程量的计算、基础定额的使用及装饰装修工程预算结算的编制等能力。

本书由课程导入和 2 个模块（8 个项目）构成。课程导入主要介绍计量与计价的意义、原则及与建筑装饰装修工程其他职能部门的关系，建筑装饰装修工程计量与计价的由来、内容、地位、作用、职能及原则，我国建筑装饰装修工程计量与计价存在的问题、建筑装饰装修工程计量与计价的发展及本课程的结构安排。模块 1 为建筑装饰装修工程计量与计价基础知识，包括建筑装饰装修工程工程量清单计价、建筑装饰装修工程预算定额的编制与应用。模块 2 为建筑装饰装修工程计量与计价实践应用，包括楼地面工程计量与计价，墙、柱面工程计量与计价，天棚工程计量与计价，门窗工程计量与计价，油漆、涂料、裱糊工程计量与计价，以及其他装饰工程计量与计价。

本书中的每个项目除前面的项目引入、项目解析外，其主要内容设置包括以下几项。

1）项目概述。项目概述是对建筑装饰装修工程计量与计价各项目的理论内容的精选，同时也为任务解析做好理论铺垫。

2）任务解析。工作任务是项目的核心内容，它由理论知识结合企业实践工作提炼而成。工作任务采用单任务式或多任务式，多任务按照一定的逻辑关系设置，包括前后步骤关系、并列关系等。工作任务主要包括操作流程和注意事项等。

3）综合实战。学生在完成相关知识的学习并掌握工作任务的操作步骤和注意事项后进行综合实战分析与讨论，有利于学生检验每个项目中工作任务的掌握情况。

4）能力评价。能力评价将相关知识中的重要知识点，工作任务中的重点操作步骤、注意事项或高风险环节转化成思考问题，让学生在学习完每个项目后可以总结回顾相关知识或实践操作内容。

希望学生通过对本书的学习和应用实践，能够全面系统地掌握建筑装饰装修工程计量与计价的相关知识，具备计量与计价的计算能力和定额预算的编制能力。

0.2 建筑装饰装修工程基础知识

▌0.2.1   建筑装饰装修工程的基本概念与类型

1. 建筑装饰装修工程的基本概念

建筑装饰装修：为保护建筑的主体结构，完善建筑物的使用功能和美化建筑物，采用装饰装修材料或饰物，对建筑物的内外表面及空间进行的各种处理过程。

建筑装饰装修工程计价："工程"与"价"之间的定量关系。即建筑装饰工程产品与工程造价之间的定量关系。

微课：工程量清单基本知识

2. 建筑装饰装修工程的类型

建筑装饰装修工程主要包括楼地面装饰工程，墙、柱面装饰与隔断、幕墙工程，天棚工程，门窗工程，油漆、涂料、裱糊工程，其他装饰工程。

视频：建筑装饰装修工程计价
基本概念

▌0.2.2   基本建设项目与建设程序

1. 基本建设项目

基本建设项目是指在总体设计和总概算控制下建设的，以形成固定资产为目的的所有工程项目的总和。基本建设项目由若干个具体基本建设项目（简称建设项目）组成。

基本建设项目的分解是指以科学管理项目建设、合理确定项目造价为目的，根据项目构成的各工程要素之间的从属关系，对建设项目进行的分解。

建设项目是指具有独立的设计任务书和总体设计，能够独立施工、独立核算，建成后能够独立发挥生产效益的工程的总和，如工厂、学校、医院等。一个建设项目是由一个或多个单项工程组成的。

（1）单项工程

单项工程是指在一个建设项目中，具有独立的设计文件，可独立组织施工，竣工后可以独立发挥生产能力或工程效益的工程，如学校的教学楼、图书馆、实训馆、宿舍楼等。一个单项工程由若干个单位工程组成。

（2）单位工程

单位工程是指在单项工程中，具有独立的设计文件，可以进行独立施工，但完工后不能单独发挥生产能力或使用效益的工程，如建筑工程中的土建、给水排水、电气照明工程、建筑装饰装修工程等。一个单位工程由若干个分部工程组成。

（3）分部工程

分部工程是指按单位工程的各个部位或按照使用的工种、材料和施工机械不同而划分的工程项目。它是单位工程的组成部分，例如，一般的土建工程可划分为土石方、砖石、混凝土及钢筋混凝土、木结构及装修、屋面等分部工程；建筑装饰装修工程可划分为楼地面装饰工程，墙、柱面工程，天棚工程，门窗工程，油漆、涂料、裱糊工程和其他装饰工程。

（4）分项工程

分项工程是指分部工程中按照不同的施工方法、不同的材料、不同的规格等要素而进一步划分的最基本的工程项目。

以某学校新校区建设项目为案例进行说明，如图 0-2-1 所示。

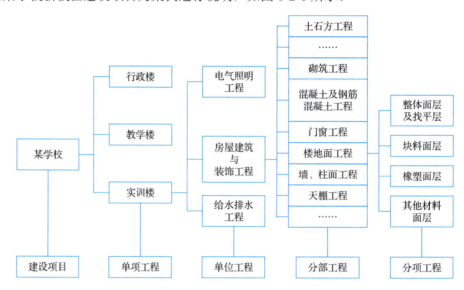

图 0-2-1 某学校建设项目分解示意图

2. 建设程序

建设程序是指建设项目从策划、评估、决策、设计、施工到竣工验收、投入生产或交付使用的整个建设过程中，各项工作必须遵循的先后次序。

建设程序包括以下内容。

（1）项目建议书阶段

项目建议书阶段是建设程序中最初阶段的工作，是投资决策前对拟建项目的轮廓设想。其主要作用：推荐一个拟建项目，论述其建设的必要性、建设条件的可行性和获利的可能性。

项目建议书经批准后，可以进行详细的可行性研究工作，但并不表明非建设不可，项目建议书不是项目的最终决策。

（2）可行性研究阶段

项目建议书一经批准，即可着手进行可行性研究，对项目在技术上是否可行和在经济上是否合理进行科学的分析与论证。可行性研究报告是确定建设项目、编制设计文件的重要依据。可行性研究报告的编制必须具有相当的深度并保证准确性。

（3）建设地点选择阶段

选择建设地点，要按隶属关系，由主管部门组织勘察设计等单位和所在地有关部门共同进行。

建设地点的选择主要考虑以下几个因素。

1）工程、水文、地质等自然条件是否可靠。

2）建设时所需水、电、运输等条件是否能落实。

3）项目建成投产后，原材料、燃料等的供应能力是否具备，同时也应全面考虑生产人员的生活条件、生产环境等。

（4）设计工作阶段

1）初步设计阶段。初步设计是根据可行性研究报告的要求所做的具体实施方案。其目的是阐明在指定地点、时间和投资控制数额内，拟建项目在技术上的可行性和经济上的合理性，控制项目总概算。

当初步设计提出的总概算超过可行性研究报告确定的总投资估算 10%以上或其他主要指标需要变更时，应说明原因，并向原审批单位重新报批可行性研究报告。

2）施工图设计阶段。根据初步设计和技术设计的要求，结合现场实际情况，施工图设计完整地表现建筑的外形、内部空间分隔、结构体系、构造状况及建筑群的组成和周围环境的配合，同时还包括各种运输、通信、管道系统、建筑设备的设计。

（5）建设准备阶段

建设准备阶段包括以下几项主要工作。

1）征地、拆迁和场地平整。

2）完成施工用水、用电、道路建设等工程。

3）组织材料、设备订货。

4）准备必要的施工图纸。

5）组织施工招标、投标，择优选定施工单位。

（6）编制年度建设投资计划阶段

根据建设项目经过审批的总概算和工期，合理安排分年度投资。年度投资计划的安排，要与长远规划的要求相适应，保证按期完成。年度计划安排的建设内容要和当年分配的投资、材料、设备相适应，同时安排配套项目，并使其互相衔接。

（7）建设实施阶段

项目经批准开工实施，即进入了施工阶段。项目新开工时间，是指工程建设项目设计文件中规定的任一项永久性工程第一次正式破土开槽开始施工的日期。

（8）生产准备阶段

生产准备阶段包括以下几项工作。

1）招收和培训人员。

2）生产组织准备。

3）生产技术准备。

4）生产物资准备。

（9）竣工验收阶段

竣工验收阶段是工程建设的最后一个环节。

0.2.3　基本建设经济文件

基本建设经济文件见表 0-2-1。

视频：建筑装饰装修工程计价　视频：建筑装饰装修工程计价
基本建设经济文件（一）　　基本建设经济文件（二）

表 0-2-1　基本建设经济文件

经济文件	编制阶段	编制依据	编制单位	用途
投资估算	可行性研究阶段	投资估算指标	可行性研究部门或咨询公司	1. 建设项目经济评价的基础； 2. 判断项目可行性的依据； 3. 建设阶段工程造价控制目标限额
设计概算	初步设计阶段	初步设计图纸、概算定额、概算指标、有关费用标准	设计单位	确定工程投资、编制工程建设计划、控制工程拨款或贷款、考核设计合理性、材料征订的依据
施工图预算	施工图设计阶段	施工图纸、施工组织设计、预算定额、有关费用定额	建设单位或施工单位	1. 建设单位编制的文件用于招标控制价； 2. 施工单位编制的文件用于投标报价
施工预算	施工阶段	施工图纸、施工组织设计、预算定额、有关费用定额	施工单位	施工企业实行定额管理、内部核算、下达施工任务数、签发限额领料单、控制工料消耗和签订内部承包合同的依据
竣工结算	竣工验收阶段	施工图纸、现场签证、设计变更资料、技术核定单、隐蔽工程记录、预算定额、材料预算价格、有关取费标准	施工单位	以该项工程最终实际造价为主要内容的、作为结算工程价款依据的经济文件
竣工决算	竣工验收后	实际造价经济文件	建设单位	对该建设项目进行清产核资和后评估的依据

0.3　建筑装饰装修工程造价的基础知识

0.3.1　造价的基本原理

工程造价计算公式为

$$工程造价(费用)=\sum(实物工程量×工程单价)$$

其中，实物工程量包括两类，一类是用于施工图预算的量，另一类是工程量清单中的量；工程单价，可以概括地分为工料单价和综合单价。

视频：装饰工程预算定额计量单位的确定　视频：清单计价与定额计价的区别　视频：建筑装饰装修工程计价划分

0.3.2　定额计价与工程量清单计价概述

定额计价与工程量清单计价的区别与联系见表 0-3-1。

表 0-3-1　定额计价与工程量清单计价的区别与联系

	列项	定额计价	工程量清单计价
	内容形式	定额项目所包含的工程内容是单一的	清单项目设置以"综合实体"考虑，一般包括多个工程内容
算量	① 编制人	招投标双方（按照国家规定的统一的计算规则计算）	招标人［根据《建设工程工程量清单计价标准》（GB/T 50500—2024）中的计算规则计算工程量］
	② 计算规则	定额中的工程量计算规则应考虑具体施工条件、技术、组织等因素	清单中的工程量计算规则以图示尺寸计算
	③ 计量单位	定额计价中的项目划分得很细，以"物理计量单位"为主、"自然计量单位"为辅	清单计价以"扩大分项工程"综合考虑，以"自然计量单位"为主、"物理计量单位"为辅
计价	① 价款构成	直接费、间接费、利润和税金	分部分项工程费、措施项目费、其他项目费、规费和税金
	② 单价构成	定额子目基价（预算价格）	综合单价计价
	③ 消耗量水平	社会平均水平	企业自身水平
	④ 计价方法	施工工序计价	综合实体计价
	⑤ 计价标准	统一的取费标准	投标人自主报价
	⑥ 工程风险	投标人承担工程量计算风险	招标人承担工程量计算风险，投标人承担材料价格风险

模块 1

建筑装饰装修工程计量与计价基础

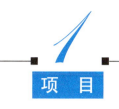

项目 **1**

建筑装饰装修工程工程量清单计价

项目引入 通过对本项目的整体认识，形成工程量清单计价的知识及技能体系。

▌学习目标
1. 掌握工程量清单的基本概念。
2. 熟悉并理解工程量清单编制的一般规定。
3. 掌握工程量清单编制的内容。
4. 掌握工程量清单计价的概念与内容。
5. 掌握工程量清单与计价文件编制的格式。

▌能力要求
1. 能在相应的规范中查到相关的计量与计价资料，编写工程量计算书及相应清单项目的计价文件。
2. 会查找相应规范，并使用规范。
3. 能根据建筑装饰装修工程的项目进行工程量清单计价。
4. 能进行建筑装饰装修工程工程量及建筑面积的计算。

▌思政目标
1. 树立"工程质量，百年大计"的强烈意识，严格遵守相关规范、规程、标准。
2. 培养公平公正、严谨科学、认真细致、求真务实的工作作风，养成独立思考、计划与总结的良好工作习惯。

项目解析 在项目引入的基础上，专业指导教师针对学生的实际学习能力，讲解查找并使用相应清单计价规范的方法，有关工程量清单编制方法、工程量清单计价文件编制格式，使学生能够独立完成相应工程的工程量清单文件的编制工作。

1.1 项目概述：工程量清单概述

1. 工程量清单的基本概念

工程量清单的基本概念主要包括以下几项内容。

1）工程量清单是建设工程文件中载明项目编码、项目名称、项目特征、计量单位、工程数量等的明细清单。

视频：工程量清单的三个概念

2）招标工程量清单是招标人依据国家标准、招标文件、设计文件及施工现场实际情况编制的，随招标文件发布供投标报价的工程量清单，包括其说明和表格。

3）合同清单是承包人在投标时所填报并获得发包人接纳的已标明投标总价、合价及其综合单价，以及投标报价澄清或说明修正价格的已标价工程量清单，用以说明承包人所报合同总价的详细构成及综合单价分析，包括其说明和表格。

2. 工程量清单编制的一般规定

工程量清单应由具有编制能力的招标人或受其委托的工程造价咨询人编制。

招标工程量清单应根据招标文件要求及工程交付范围，以合同标的或以单项工程、单位工程为工程量清单编制对象进行列项编制，并作为招标文件的组成部分。

工程量清单是工程量清单计价的基础，应作为编制招标控制价、投标报价、计算工程量、工程索赔等的依据之一。

工程量清单应按分部分项工程项目清单、措施项目清单、其他项目清单、增值税分别编制及计价。

工程量清单成果文件应包括封面、签署页、编制说明、工程量计算规则说明、工程量清单及计价表格等。编制说明应列明工程概况、招标（或合同）范围、编制依据等；工程量计算规则说明应明确工程量清单使用的国家及行业工程量计算标准，以及根据工程实际需要补充的工程量计算规则等。

招标人根据工程实际情况编制的招标工程量清单应用于总价合同的，其清单项目和工程数量应视为与招标图纸和技术标准规范相符，存在工程量清单缺陷的，承包人应承担工程量清单缺陷的补充完善责任，工程量清单缺陷应按《建设工程工程量清单计价标准》（GB/T 50500—2024）第 6.1.7 条的规定不做调整；编制的招标工程量清单应用于单价合同的，其清单项目列项、项目特征的工作内容及其工程数量应视为符合招标图纸和技术标准规范的要求，存在分部分项工程项目清单缺陷的，应由发包人承担相关清单缺陷责任，工程量清单缺陷应按《建设工程工程量清单计价标准》（GB/T 50500—2024）第 8.2 节的规定调整。

采用单价合同的工程量清单中分部分项工程项目清单工程数量为暂定的工程量，在合同履行中应按发包人提供的实际施工图纸、合同约定国家及行业工程量计算标准及补充的工程量计算规则重新计量确定，但措施项目清单和以项计价的分部分项工程项目清单应按《建设工程工程量清单计价标准》（GB/T 50500—2024）总价计价的规定计算。

采用总价合同的工程量清单，如工程量清单存在缺陷的，清单缺陷引起的价款变化应视为已包含在合同总价内，合同履行中不予调整；但分部分项工程项目清单内说明是暂定数量的清单项目及其工程数量，应按本标准单价计价的规定重新计量确定，并对相关清单项目的合同价格及合同总价进行相应调整。

无论采用单价合同还是总价合同，分部分项工程项目清单的项目编码、项目名称、项目特征、计量单位、工作内容应按国家及行业工程量计算标准和补充工程量清单计算规则进行编制；措施项目清单的项目编码、项目名称、工作内容应按国家及行业工程量计算标准编制。

 任务解析：建筑装饰装修工程工程量清单编制

1.2.1 分部分项工程项目清单

分部分项工程项目清单是描述构成工程实体部分的项目名称和相应数量的明细清单（表 1-2-1）。分部分项工程是分部工程、分项工程的总称。分部工程是单位工程的组成部分，是按施工部位、路段长度、施工特点或施工任务、材料类别等将单位工程划分的若干个项目单元；分项工程是分部工程的组成部分，是按不同施工方法、工序、材料、工种等将分部工程划分的若干个项目单元。其发生的费用为分部分项工程费。

表 1-2-1 分部分项工程和单价措施项目清单计价表

工程名称：　　　　　　　　　　　　　　标段：　　　　　　　　　　　　　　第 页 共 页

序号	项目编码	项目名称	项目特征描述	计量单位	工程量	金额/元	
						综合单价	合价
			本页小计				
			合计				

分部分项工程项目清单的 5 个要件包括项目编码、项目名称、项目特征描述、计量单位和工程量。

1. 项目编码

项目编码是指分部分项工程和措施项目清单名称的阿拉伯数字标识。

分部分项工程量清单的项目编码，应采用 12 位阿拉伯数字表示。其中，第 1～9 位应按附录的规定设置，第 10～12 位应根据拟建工程的工程量清单项目名称和项目特征设置，同一招标工程的项目编码不得有重码。

第一级：专业工程代码。

01 表示房屋建筑与装饰工程；02 表示仿古建筑工程；03 表示通用安装工程；04 表示市政工程；05 表示园林绿化工程；06 表示矿山工程；07 表示构筑物工程；08 表示城市轨道交通工程；09 表示爆破工程。

第五级：清单项目名称顺序码，由清单编制人依据设计图纸和项目特征的区别逐项编码。

当同一标段（或合同段）的一份工程量清单中含有多个单项或单位工程，且工程量清单是以单位工程为编制对象时，在编制工程量清单时应特别注意对项目编码 10～12 位的设置不得有重码。例如，001 表示 M10 水泥砂浆砌 1/2 清水直形砖墙，002 表示 M10 水泥砂浆砌 3/4 清水直形砖墙。

2. 项目名称

项目名称按《房屋建筑与装饰工程工程量计算标准》（GB/T 50854—2024）（简称《工程量计算标准》）附录中的项目名称并结合拟建工程的实际确定。

3. 项目特征

项目特征是清单项目的文字性描述。标准规范及招标文件所要求完成的载明构成工程量清单项目自身的本质及要求，用于证明设计图纸、技术。工程量清单项目特征的描述是区分清单项目的依据，是确定综合单价的前提，也是履行合同义务的基础。

如果不明确项目特征描述的要求，那么招标人提供的工程量清单对项目特征描述得就不具体，即特征不清、界限不明，致使投标人无法准确理解工程量清单项目的构成要素，评标时难以合理地评定中标价；结算时，发、承包双方易引起争议，影响工程量清单计价的推进。

项目特征描述的内容应按《工程量计算标准》附录中的规定，结合拟建工程的实际，能满足确定综合单价的需要。若采用标准图集或施工图纸能够全部或部分满足项目特征描述的要求，项目特征描述则可直接采用"详见××图集或××图号"的方式；对不能满足项目特征描述要求的部分，仍使用文字描述。

4. 计量单位

计量单位应按《工程量计算标准》附录中规定的计量单位确定。

5. 工程量

工程量清单中的工程量应按《工程量计算标准》附录中规定的工程量计算规则计算。有效位数规则：以"t"为计算单位时，应保留小数点后三位数字，第四位小数四舍五入；以"m""m^2""m^3"为计算单位时，应保留小数点后两位数字，第三位小数四舍五入；以"个""件""根""座""套""孔""樘"为计算单位时，应取整数。

1.2.2 分部分项工程项目清单的编制

1. 编制要求

工程量清单应按相关工程国家及行业工程量计算标准的清单项目分类、计量单位和工程量计算规则，依据设计图纸及技术标准规范的要求，遵循清单项目列项明确、边界清晰、便于计价和支付的原则进行编制，可按正常施工程序编排清单项目、按工程量计算标准的规定进行清单列项，工程量清单编码宜从小到大排列。

2. 编制步骤

分部分项工程项目名称编制包括如下步骤。

1）列项确定分部分项工程项目名称。按图纸前后顺序、按《工程量计算标准》（或地方基价）前后顺序、按施工先后顺序进行分解列项。

2）确定项目编码。

3）描述项目特征。

4）确定计量单位。

5）列计算公式，填工程量。

6）编制人应补充《工程量计算标准》附录中未包括的项目，并进行备案。

需要注意的是，补充项目应由规范代码（01、02、03、04、05、06、07、08、09）、B 和三位阿拉伯数字组成（如 01B×××，01B001）。应附补充项目的项目名称、项目特征、计量单位、工程量计算规则和工作内容，并应报相关部门备案。

3. 注意事项

单价合同的工程量清单，应依据招标图纸、技术标准规范、相关工程国家及行业工程量计算标准及补充的工程量计算规则，确定分部分项工程项目清单及其项目特征，并计算其工程数量。清单项目按项计量编制的，应在其计量单位中以项表示。如招标工程需要，可参考同类工程的设计图纸等资料在招标工程量清单中合理列出招标图纸没反映但施工中可能会发生的清单项目及其项目特征，并结合招标工程及参考同类工程资料确定暂定工程数量。

总价合同的工程量清单，应依据招标图纸、技术标准规范、相关工程国家及行业工程量计算标准及补充的工程量计算规则，确定分部分项工程项目清单及其项目特征，并计算其工程数量。按照招标图纸及技术标准规范可确定项目特征但不能准确计算工程数量的项目可按

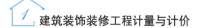

暂定数量编制，并在其项目特征中说明为暂定工程量。

分部分项工程项目清单中由发包人提供材料或暂估材料价格的清单项目编制应符合下列规定。

1）发包人提供材料的清单项目应按《建设工程工程量清单计价标准》（GB/T 50500—2024）第3.6节的规定在招标文件中明确，并在项目特征中说明主材由发包人提供。

2）材料暂估价的清单项目应在项目特征中明确材料暂估价的金额，并按表1-4-8单独列出材料明细项目及其暂估单价。

1.2.3　措施项目清单

措施项目清单是指为完成工程项目施工，发生于该工程施工准备和施工过程中的技术、生活、安全生产、环境保护等方面的非工程实体项目等的清单。措施项目清单应结合招标工程的实际情况和相关部门的有关规定，依据常规的施工工艺、顺序及生活、安全、环境保护、临时设施、文明施工等非工程实体方面的要求，按相关工程国家及行业工程量计算标准的措施项目分类规则，以及补充的工程量计算规则，结合招标文件及合同条款要求进行编制。其中安全生产措施项目应按国家及省级、行业主管部门的管理要求和招标工程的实际情况列项。措施项目的列项条件见表1-2-2。

表1-2-2　措施项目一览表

项目名称	单位	工作内容
脚手架	项	搭设脚手架、斜道、上料平台，铺设安全网，铺（翻）脚手板、转运、改制、维修维护，拆除、堆放、整理，外运、归库等
垂直运输		垂直运输机械进出场及安拆，固定装置、基础制作、安装，行走式机械轨道的铺设、拆除，设备运转、使用等
其他大型机械进出场及安拆		除垂直运输机械以外的大型机械安装、检测、试运转和卸，运进、运出施工现场的装卸和运输，轨道、固定装置的安装和拆除等
施工排水		提供满足施工排水所需的排水系统，包括设备安拆、调试及配套设施的设置等，设备运转、使用等
施工降水		提供满足施工降水所需的降水系统，包括设备安拆、调试及配套设施的设置等，设备运转、使用等
临时设施		为进行建设工程施工所需的生活和生产用的临时建（构）筑物和其他临时设施。包括临时设施的搭设、移拆、维修、清理、拆除后恢复等，以及因修建临时设施应由承包人所负责的有关内容
文明施工		施工现场文明施工、绿色施工所需的各项措施
环境保护		施工现场为达到环保要求所需的各项措施
安全生产		施工现场安全施工所需的各项措施
冬雨季施工增加		在冬季或雨季施工，引起防寒，保温、防滑，防潮和排除雨雪等措施的增加，人工、施工机械效率的降低等内容
夜间施工增加		因夜间或在地下室等特殊施工部位施工时，所采用照明设备的安拆、维护、照明用电及施工人员夜班补助、夜间施工劳动效率降低等内容
特殊地区施工增加		在特殊地区（高温、高寒、高原、沙漠、戈壁、沿海、海洋等）及特殊施工环境（邻公路、邻铁路等）下施工时，弥补施工降效所增加的内容
二次搬运		因施工场地条件及施工程序限制而发生的材料、构配件、半成品等一次运输不能到达堆放地点，必须进行二次或多次搬运所发生的内容
已完工程及设备保护		建设项目施工过程中直至竣工验收前，对已完工程及设备采取的必要保护措施
既有建（构）筑物、设施保护		在工程施工过程中，对既有建（构）筑物及地上、地下设施进行的遮盖、封闭、隔离等必要临时保护措施

措施项目清单为可调整清单，投标人对招标文件中所列项目，可根据企业自身特点做适当变更。投标人要对拟建工程可能发生的措施项目和措施费用做通盘考虑，清单计价一经报出，即被认为是包括了所有应该发生的措施项目的全部费用。对于没有在报出的清单中列项，且施工中又必须发生的项目，招标方有权认为，其已经综合在分部分项工程量清单的综合单价中，将来措施项目发生时，投标人不得以任何借口提出索赔与调整。

1.2.4　其他项目清单

视频：暂列金额与
暂估价

其他项目清单是描述因招标人的特殊要求而发生的与拟建工程有关的其他费用项目和相应数量的明细清单。

（1）暂列金额

暂列金额是发包人在工程量清单中暂定并包括在合同总价中，用于招标时尚未能确定或详细说明的工程、服务和工程实施中可能发生的合同价款调整等所预留的费用。暂列金额包括在签约合同价之内，但并不直接属承包人所有，而是由发包人暂定并掌握使用的一笔款项。暂列金额应根据工程特点按招标文件的要求列项，可按用于暂未明确或不能详细说明工程、服务的暂列金额（如有）和用于合同价款调整的暂列金额分别列项。用于暂未明确或不能详细说明工程服务的暂列金额应提供项目及服务名称，并根据同类工程的合理价格估算暂列金额；用于合同价款调整的暂列金额可按招标图纸设计深度及招标工程实施工期等因素对合同价款调整的影响程度，结合同类工程情况合理估算。

（2）暂估价

暂估价是指发包人在工程量清单中提供的用于支付必然发生但暂时不能确定价格的材料、工程设备的单价及专业工程的金额。暂估价是在招标阶段预见肯定要发生，只是因为标准不明确或需要由专业承包人完成，暂时又无法确定具体价格时采用的一种价格形式。采用暂估价的价格形式，既与国家发布的施工合同通用条款中的定义一致，同时又对施工招标阶段中一些无法确定价格的材料、工程设备或专业工程发包提出了具有可操作性的解决办法。暂估价包括材料暂估价和专业工程暂估价。

材料暂估价是指发包人在工程量清单中提供的，用于支付设计图纸要求必须使用的材料，但在招标时暂不能确定其标准、规格、价格而在工程量清单中预估到达施工现场的不含增值税的材料价格。

专业工程暂估价是指发包人在工程量清单中提供的，在招标时暂不能确定工程具体要求及价格而预估的含增值税的专业工程费用。

（3）计日工

计日工是指在施工过程中，承包人完成发包人提出的零星项目或工作，但不宜按合同约定的计量与计价规则进行计价，而应依据经发包人确认的实际消耗人工工日、材料数量、施工机具台班等，按合同约定的单价计价的一种方式。计日工应在项目特征中说明招标工程实施中可能发生的计日工性质的工种类别、材料及施工机具名称、零星工作项目、拆除修复项目等，并列出每一项目相应的名称、计量单位和合理暂估数量。

（4）总承包服务费

总承包服务费是指按合同约定，承包人对发包人提供材料履行保管及其配套服务所需的费用；和（或）承包人对合同范围的专业分包工程（承包人实施的除外）提供配合，协调、施工现场管理、已有临时设施使用、竣工资料汇总整理等服务所需的费用；以及（或）承包人对非合同范围的发包人直接发包的专业工程履行协调及配合责任所需的费用。总承包服务的相关管理、协调及配合责任等应在招标文件及合同中详细说明。

1.2.5 税金项目清单

税金是指施工企业从事建筑服务，根据国家税法规定，应计入建筑安装工程造价内的增值税销项税额。

1.3 任务解析：建筑装饰装修工程工程量清单计价

1.3.1 工程量清单计价的概念与内容

1. 工程量清单计价的概念

工程量清单计价是指投标人完成由招标人提供的工程量清单所需的全部费用，包括分部分项工程费、措施项目费、其他项目费、增值税。

需要特别注意以下两点。

1）使用财政资金或国有资金投资的建设工程，应按国家及行业工程量计算标准编制工程量清单，采用工程量清单计价。

2）非使用财政资金或国有投资的建设工程，宜按国家及行业工程量计算标准编制工程量清单，采用工程量清单计价。

2. 工程量清单计价的基本程序

在建设工程投标时，招标人依据工程施工图纸，按照招标文件的要求，按现行的工程量计算规则为投标人提供实物工程量项目和技术措施项目的数量清单，供投标单位逐项填写单价，并计算出总价，再通过评标，最后确定合同价。

3. 工程量清单价格的含义

综合单价是指综合考虑技术标准规范、施工工期、施工顺序、施工条件、地理气候等影响因素以及约定范围与幅度内的风险，完成一个单位数量工程量清单项目所需的费用。清单项目综合单价包括人工费、材料费、施工机具使用费、管理费、利润和一定范围内的风险费用，不包括增值税。

单价计价是指工程量清单中以工程数量乘以综合单价进行价款计算的计价方式。

总价计价是指工程量清单中以项为单位采用总价进行价款计算的计价方式。

费率计价是指工程量清单中以计费基础乘以相应费率进行价款计算的计价方式。

1.3.2 清单计价基本规定

视频：综合单价
计算程序

工程量清单应按分部分项工程项目清单、措施项目清单、其他项目清单、增值税分别编制及计价。采用其他清单形式计价的，本标准适用的规则仍应执行，专门性的规定可由发承包双方参照本标准相关规定另行明确。

工程量清单的清单项目应按设计图纸及技术标准规范、相关工程国家及行业工程量计算标准和《建设工程工程量清单计价标准》（GB/T 50500—2024）第4章的规定编制。工程量清单根据工程项目特点进行补充完善、另行约定计量方式或采用其他清单形式的，应在招标文件和合同文件中对其工程量计算规则、计量单位、适用范围、工作内容等予以说明。

工程量清单应按相关工程国家及行业工程量计算标准的清单项目分类、计量单位和工程量计算规则，依据设计图纸及技术标准规范的要求，遵循清单项目列项明确、边界清晰、便于计价和支付的原则进行编制，可按正常施工程序编排清单项目、按工程量计算标准的规定进行清单列项，工程量清单编码宜从小到大排列。

工程量清单的清单项目价款确定可采用单价计价、总价计价方式。根据工程项目特点及实际情况不宜采用单价计价、总价计价方式的，可采用费率计价等其他计价方式，并应在招标文件和合同文件中对其计价要求、价款调整规则等予以说明。

工程量清单的清单项目综合单价及合价应为不含增值税的税前全费用价格，由人工费、材料费、施工机具使用费、管理费、利润等组成，包括相应清单项目约定或合理范围的风险费，以及不可或缺的辅助工作所需的费用；清单项目的税金应填写在增值税中，但其他项目清单中的专业工程暂估价已含增值税，工程量清单的增值税中不应再计取其相应税金。

综合单价分析表应明确各清单项目综合单价及按项计价项目价格的费用构成计算方法，其综合单价和按项计价项目价格应与工程量清单内的相应清单项目综合单价和价格完全一致。

采用单价合同的工程，分部分项工程项目清单的准确性、完整性应由发包人负责；采用总价合同的工程，已标价分部分项工程项目清单的准确性、完整性应由承包人负责。建设工程无论是采用单价合同或总价合同，按项编制的措施项目清单的完整性及准确性均应由承包人负责。

分部分项工程项目清单、措施项目清单中，按单价计价方式计价的，应按其工程数量乘以相应的综合单价计算该工程量清单项目的价格；按总价计价方式计价的，应以项为单位计算其清单项目价格。分部分项工程项目清单计价宜采用单价计价方式，措施项目清单计价宜采用总价计价方式。

分部分项工程项目清单的综合单价应为不含增值税的材料采购供应及相关安装单价，包括完成相应清单项目受下列因素影响而发生的费用，如发包人提供材料的应按《建设工程工程量清单计价标准》（GB/T 50500—2024）第3.2.4条的规定执行：

1）满足国家及行业有关技术标准规范等要求所需的费用；

2）总价合同中出现工程量清单缺陷所需的费用；

3）完成符合完工交付要求的相应清单项目必要的施工任务及其不可或缺的辅助工作所需的费用；

4）因施工程序、施工条件、环境气候等因素影响所引起的费用；

5）合同约定及《建设工程工程量清单计价标准》（GB/T 50500—2024）第 3.3 节规定的范围与幅度内的风险费用。

材料暂估价项目的综合单价中主材价格，应按招标工程量清单提供的材料暂估价计取。

发包人提供材料、承包人负责安装的清单项目，其清单项目综合单价应包括承包人自身应承担的安装损耗，但不包括发包人提供材料的价格，以及按表 1-4-17 的约定由发包人承担的损耗费用和相应的总承包服务费用；发包人提供材料且材料供应方负责安装，而承包人不负责安装但提供配合及协调服务的，工程量清单不应列项也不计算其综合单价，但应在其他项目清单中计算其相应的总承包服务费用。

措施项目清单中的安全生产措施费应按国家及省级、行业主管部门的相关规定计价。

措施项目清单计价应符合招标文件、合同文件的要求和相关工程国家及行业工程量计算标准的措施项目列项及其工作内容的有关规定，包括履行合同责任和义务、全面完成工程所发生的不限于下列费用：

1）工地内及附近临时设施、临时用水、临时用电、通风排气及其他同类费用；

2）在地下空间（地下室、暗室、库内、洞内等），高层或超高层建筑、有害身体健康的环境、恶劣气温气候、冬雨季、交叉作业等环境下进行施工所需的措施费用；

3）施工中的材料堆放场地整理、工程用水加压、施工雨（污）水排除、建筑施工及生活垃圾外运及消纳（已列入拆除和修缮工程分部分项工程项目清单除外）、成品保护、完工清洁和清场退场等费用；

4）满足政府主管部门有关安全生产措施要求所需的费用，包括执行其要求引起的相关安全生产措施费用；

5）除按《建设工程工程量清单计价标准》（GB/T 50500—2024）第 8.3.2 条、第 8.3.4 条规定的措施项自费用可调整外，完成暂列金额清单项目所需的措施费用；

6）承包人为履行合同责任和义务所发生的其他措施费用。

其他项目清单中的专业工程暂估价可采用总价计价方式计价，以项计算其价格；暂列金额、总承包服务费可采用费率或总价计价方式计价，以其计价基础乘以费率或以项计算清单项目价格；计日工可采用《建设工程工程量清单计价标准》（GB/T 50500—2024）第 3.2.1 条规定的单价计价方式计价。

暂列金额、专业工程暂估价应按招标工程量清单提供的相应金额填报投标价。

总承包服务费应为完成招标文件、合同约定的总承包人承担总承包服务相关合同责任的相应清单项目不含增值税的价格，包括总承包人对发包人提供材料的供货人、专业工程暂估价的专业分包人（承包人实施的除外）和发包人直接发包的专业工程分包人履行管理、协调及配合责任等所需的服务费用。总承包服务费应按《建设工程工程量清单计价标准》（GB/T 50500—2024）第 4.2.6 条的规定计算。

计日工综合单价应为完成相应清单项目单位数量不含增值税的价格，包括随时、少量完成相关计日工项目所需的费用。计日工清单项目合价可依据计日工清单项目数量乘以综合单价计算。

增值税应以分部分项工程项目清单、措施项目清单、其他项目清单（专业工程暂估价除外）的合计金额作为计算基础，乘以政府主管部门规定的增值税税率计算税金。

1.3.3　工程量清单计价的计价程序

1. 分部分项工程费

分部分项工程费是指工程量清单列出的各分部分项工程量所需的费用，包括人工费、材料费、施工机械使用费、管理费、利润和风险费用。

$$分部分项工程费=\sum(分部分项清单项目工程量×相应清单项目综合单价)$$

当分项一样、规则一致时，清单项目综合单价=定额项目综合单价；当规则一样、内容不一致时，清单项目综合单价=$\sum$定额项目综合单价；当内容、规则均不一致时，清单项目综合单价=($\sum$该清单项目所包含的各定额项目工程量×定额综合单价)÷该清单项目工程量。

视频：单价措施
项目计量

2. 措施项目费

措施项目费是指为完成工程项目施工，发生于该工程施工前和施工过程中非工程实体项目的费用。措施项目清单计价宜采用总价计价方式。

3. 其他项目费

1）其他项目费中招标人部分的内容包括暂列金额和暂估价。

① 暂列金额=单位工程费×(8%～10%)。

② 暂估价中的材料暂估单价的确定按已发布的材料单价，若未发布，则参考市场价；对于专业工程暂估价，根据不同的专业，按有关规定进行估算。

2）其他项目费中投标人部分的内容包括计日工和总承包服务费。

① 计算计日工费用。

$$计日工=\sum(工日数量×人工费综合单价)+\sum(材料数量×材料费综合单价)$$
$$+\sum(机械台班数量×机械台班综合单价)$$

② 总承包服务费：招标人仅要求对分包的专业工程进行总承包管理和协调时，按分包的专业工程估算造价的 1.5%计算；招标人要求对分包的专业工程进行总承包管理和协调，并同时要求提供配合服务时，根据招标文件列出的配合服务内容和提出的要求，按分包的专业工程估算造价的 3%～5%计算；招标人自行供应材料时，按招标人供应材料价值的 1%计算。

4. 税金

增值税的计算公式如下。

$$增值税=(分部分项工程费+措施项目费+其他项目费-专业工程暂估价)×税率$$

5. 单位工程总造价

单位工程总造价的计算公式如下。

$$单位工程总造价=分部分项工程费+措施项目费+其他项目费+税金$$

1.4 任务解析：工程量清单与计价文件编制格式

1. 工程量清单格式

（1）工程计价表格宜采用统一格式

各省、行业建设主管部门可根据本地区、本行业的实际情况，在《建设工程工程量清单计价标准》（GB/T 50500—2024）附录 B～附录 G 工程计价表格的基础上补充完善。

（2）工程计价表格的设置要求

工程计价表格的设置应满足工程计价的需要及方便使用的要求。

（3）招标工程量清单的编制规定

招标工程量清单的编制应符合下列规定。

1）招标工程量清单编制使用表格包括表 1-4-1～表 1-4-19。

2）扉页应按规定的内容填写、签字、盖章。受委托编制的工程量清单应由造价专业人员编制并签字，由一级注册造价工程师审核并签字及盖章、法定代表人或其授权人签字或盖章、编（审）单位盖章。

3）工程计量说明应按下列内容填写。招标工程量清单编制（审）说明宜按下列内容填写：工程概况，包括建设规模、工程特征、计划工期、施工现场实际情况、自然地理条件、环境保护要求等；招标工程范围；工程量清单编制依据；工程质量、材料、施工等的特殊要求；其他需要说明的问题。工程量清单计算规则说明应明确工程量清单项目的详细计算规则。采用国家及行业工程量计算标准的，应明确相应国家及行业标准的名称及编号；根据工程项目特点补充完善计算规则的，应列明工程量清单的详细计算规则。

2. 清单计价文件格式

最高投标限价、投标报价、竣工（过程）结算的编制应符合下列规定。

（1）根据编制要求选用合适表格

根据编制要求宜使用下列表格。

1）最高投标限价使用表格包括表 1-4-3～表 1-4-6、表 1-4-8～表 1-4-24。

2）投标报价使用的表格包括表 1-4-4～表 1-4-6、表 1-4-8～表 1-4-19、表 1-4-22～表 1-4-29。

3）竣工（过程）结算使用的表格包括表 1-4-4～表 1-4-6、表 1-4-8～表 1-4-19、表 1-4-30～表 1-4-47。

（2）扉页应按规定的内容填写、签字、盖章。

受委托编制的最高投标限价、投标报价、竣工（过程）结算应由造价专业人员编制并签字，由一级注册造价工程师审核并签字及盖章，法定代表人或其授权人签字或盖章、编制单位盖章。

（3）工程计价说明

工程计价说明可按下列内容填写。

1）最高投标限价编制说明、投标报价填报说明、竣工（过程）结算编制说明宜按下列内容填写：工程概况，包括建设规模、工程特征、计划工期、合同工期、实际工期、施工现场及变化情况、施工组织设计的特点、自然地理条件、环境保护要求等；编制依据等。

2）工程量清单计算规则说明。

表 1-4-1　招标工程量清单封面

_____工程

招标工程量清单

招标人：_____（盖章）_____

年　月　日

表 1-4-2　招标工程量清单扉页

工程名称：＿＿＿＿＿＿＿＿

标段名称：＿＿＿＿＿＿＿＿

招标工程量清单

编　制　人：　　　　　　（造价专业人员签字及盖章）

审　核　人：　　　　　　（签字及盖章）

编 制 单 位：　　　　　　（盖章）

法定代表人

或其授权人：　　　　　　（签字或盖章）

招　标　人：　　　　　　（盖章）

法定代表人

或其授权人：　　　　　　（签字或盖章）

编 制 时 间：

表 1-4-3　最高投标限价编制（审核）说明

工程名称：

注：最高投标限价编制（审核）说明应包括工程概况、工程范围、编制（审核）依据、特殊要求（如有）及其他需要说明的
问题等内容。

表 1-4-4　工程量清单计算规则说明

工程名称：

注：1. 采用国家及行业工程量计算标准的，应明确相应国家及行业标准的名称及编号；

　　2. 根据工程项目特点补充完善计算规则的，应列明工程量清单的详细计算规则。

表 1-4-5　工程项目清单汇总表

工程名称：　　　　　　　　　　标段：　　　　　　　　　　第　页　共　页

序号	项目内容	金额/元
1	分部分项工程项目	
1.1	单项工程 1（分部分项工程项目）	
1.1.1	单位工程 1（分部分项工程项目）	
1.1.2	单位工程 2（分部分项工程项目）	
1.2	单项工程 2（分部分项工程项目）	
1.2.1	单位工程 1（分部分项工程项目）	
1.2.2	单位工程 2（分部分项工程项目）	
2	措施项目	
2.1	其中：安全生产措施项目	
3	其他项目	
3.1	其中：暂列金额	
3.2	其中：专业工程暂估价	
3.3	其中：计日工	
3.4	其中：总承包服务费	
3.5	其中：合同中约定的其他项目	
4	增值税	
	合计	

表 1-4-6　分部分项工程项目清单计价表

工程名称：　　　　　　　　　　标段：　　　　　　　　　　第　页　共　页

序号	项目编码	项目名称	项目特征描述	计量单位	工程量	金额/元	
						综合单价	合价
	本页小计						
	合计						

表 1-4-7　总价措施项目清单与计价表

工程名称：　　　　　　　　　　　　　　　　标段：　　　　　　　　　　　　　第　页　共　页

序号	项目编码	项目名称	计算基础	费率/%	金额/元	调整费率/%	调整后金额/元	备注
		安全文明施工费						
		夜间施工增加费						
		二次搬运费						
		冬雨季施工增加费						
		已完工程及设备保护费						
		合计						

编制人（造价人员）：　　　　　　　　　　　　　　复核人（造价工程师）：

注：1. "计算基础"中"安全文明施工费"可为"定额基价"、"定额人工费"或"定额人工费+定额机械费"，其他项目可为"定额人工费"或"定额人工费+定额机械费"。

　　2. 按施工方案计算的措施费，若无"计算基础"和"费率"的数值，也可只填"金额"数值，但应在"备注"栏说明施工方案出处或计算方法。

表 1-4-8　材料暂估单价及调整表

工程名称：　　　　　　　　　　　　　　　　标段：　　　　　　　　　　　　　第　页　共　页

序号	材料名称	规格型号	计量单位	暂估			确认			调整金额/元	备注
				数量	单价/元	合价/元	数量	单价/元	合价/元		
				A_1	B_1	C_1	A_2	B_2	C_2	$D=C_2-C_1$	
		本页小计									
		合计									

注：本表可由招标人填写"暂估单价"栏，并在备注栏说明拟用暂估价材料的清单项目，投标人应将上述材料暂估单价计入工程量清单综合单价。

表 1-4-9　措施项目清单计价表

工程名称：　　　　　　　　　　　　　标段：　　　　　　　　　　第 页 共 页

序号	项目编码	项目名称	工作内容	价格/元	备注
1					详见表 1-4-24

注：措施项目清单费用构成详见表 1-4-24，大型机械进出场及安拆费用组成见表 1-4-29。

表 1-4-10　其他项目清单计价表

工程名称：　　　　　　　　　　　　　标段：　　　　　　　　　　第 页 共 页

序号	项目名称	暂估（暂定）金额/元	结算（确定）金额/元	调整金额±/元	备注

表 1-4-11　暂列金额明细表

工程名称：　　　　　　　　　　　　　标段：　　　　　　　　　　第 页 共 页

序号	项目名称	计算基础	费率/%	暂定金额/元	确定金额/元	调整金额±/元	备注
1	合同价格调整暂列金额						
2	未确定工程暂列金额						
2.1							
3	未确定服务暂列金额						
3.1							
4	未确定其他暂列金额						
4.1							
	本页小计	—	—				
	合计	—	—				

注：1. 本表由招标人填写"暂定金额"总额，采用费率计价方式计算暂定金额的，应分别填写"计算基础""费率"，并计算填写"暂定金额"；采用总价计价方式计算暂定金额的，可直接填写"暂定金额"。

　　2. 投标人应将上述暂定金额填写并计入投标总价。

　　3. 结算时应按合同约定计算并填写"确定金额"。

表 1-4-12　专业工程暂估价明细表

工程名称：　　　　　　　　　　　　　　标段：　　　　　　　　　　　　　第 页 共 页

序号	专业工程名称	暂估金额/元			确认金额/元			调整金额±/元	备注
		不含税价格	增值税	含税价格	不含税价格	增值税	含税价格		
		A_1	B_1	C_1	A_2	B_2	C_2	$D=C_2-C_1$	
本页小计									
合计									

注：本表"暂估金额"由招标人填写，投标人应将"暂估金额"填写并计入投标总价。结算时应按合同约定的价格填写"确认金额"。

表 1-4-13　计日工表

工程名称：　　　　　　　　　　　　　　标段：　　　　　　　　　　　　　第 页 共 页

编号	计日工名称	单位	暂定数量	实际数量	综合单价/元	合价/元		调整金额±/元
						暂定	实际	
						A_1	A_2	$B=A_2-A_1$
一	人工							
1								
2								
3								
4								
	人工小计							
二	材料							
1								
2								
3								
4								
	材料小计							
三	施工机具							
1								
2								
3								
4								
	施工机具小计							
	总计							

注：1. 本表计日工名称、暂定数量应由招标人填写。编制最高投标限价时，单价应由招标人按有关计价规定确定；编制投标报价时，单价应由投标人自主报价，并按暂定数量计算合价计入投标总价中。

2. 工程结算时，应按发承包双方确认的实际数量计量合价。发承包双方确认的实际数量详见表 1-4-37。

表 1-4-14　总承包服务费计价表

工程名称：　　　　　　　　　　　　　　　　标段：　　　　　　　　　　　　第 页 共 页

序号	项目名称	计算基础	费率/%	金额/元	确认计算基础	结算金额/元	调整金额±/元	备注
		A_1	B	C_1	A_2	C_2	$D=C_2-C_1$	
1	发包人提供材料							详见表 1-4-17
2	专业分包工程							详见表 1-4-12
3	直接发包的专业工程							详见表 1-4-15
	本页小计							
	合计	—	—		—		—	

注：1. 本表项目名称、服务内容应由招标人填写。
　　2. 编制最高投标限价及投标报价时，采用费率计价方式计算总承包服务费的，应分别填写"计算基础 A_1""费率 B"，并计算填写"金额 C"，$C=A_1 \times B$；采用总价计价方式计算总承包服务费的，可直接填写"金额 C"。
　　3. 编制结算时，采用费率计价方式计算总承包服务费的，应填写"确认计算基础 A_2"，并计算填写"结算金额 C_2"，$C_2=A_2 \times B$；采用总价计价方式计算总承包服务费的，可直接填写"结算金额 C"。

表 1-4-15　直接发包的专业工程明细表

工程名称：　　　　　　　　　　　　　　　　标段：　　　　　　　　　　　　第 页 共 页

序号	直接发包的专业工程名称	备注

注：本表应由招标人填写，用于计算直接发包的专业工程总承包服务费。

表 1-4-16　增值税计价表

工程名称：　　　　　　　　　　　　　　　　标段：　　　　　　　　　　　　　　　第 页 共 页

序号	项目名称	计算基础说明	计算基础	税率/%	金额/元
		合计			

表 1-4-17　发包人提供材料一览表

工程名称：　　　　　　　　　　　　　　　　标段：　　　　　　　　　　　　　　　第 页 共 页

序号	材料名称、规格、型号	单位	数量	单价/元	合价/元	有效损耗率/%	备注
	本页小计					—	—
	合计					—	—

表 1-4-18　承包人提供可调价主要材料表一（适用于价格信息调差法）

工程名称：　　　　　　　　　　　　　　标段：　　　　　　　　　　　第 页 共 页

序号	名称、规格、型号	单位	数量	基准价 C_0	投标报价/元	风险幅度系数 r/%	价格信息/元	价差 ΔC_i/元	价差调整金额 ΔP/元
			本页小计						
			合计						

注：1. 本表仅适用于物价变化引起合同价格调整事件使用。其中，招标人填写序号、名称、规格、型号、单位、基准价、风险幅度；投标人根据投标报价填写投标报价。

2. "数量"依据发承包双方在合同中明确的数量计算方式计算确定。

表 1-4-19　承包人提供可调价主要材料表二（适用于价格指数调差法）

工程名称：　　　　　　　　　　　　　　标段：　　　　　　　　　　　第 页 共 页

序号	名称、规格、型号	变值权重 B	基本价格指数 F_0	现行价格指数 F_t	风险幅度系数/%	价差调整金额 ΔP
	定值权重 A		—	—	—	—
	合计	1	—	—	—	—

注：1. "名称、规格、型号""基本价格指数"栏由招标人填写，人工也采用价格指数调差法调整的，由招标人在"名称"栏填写。

2. 本表仅适用于物价变化引起合同价格调整事件使用。

3. 分项计算可调价主要材料价差的，应在"价差调整金额"列分别填写金额，并计算合计金额；整体计算可调价主要材料价差的，可仅在"价差调整金额"列"合计"行填写。

表 1-4-20　最高投标限价封面

_____工程

最高投标限价

投标人：_____（盖章）_____

年　月　日

表 1-4-21　最高投标限价扉页

工程名称：_____

标段名称：_____

最高投标限价

最高投标限价（小写）：_____

（大写）：_____

编　制　人：　　　　　　　（造价专业人员签字及盖章）

审　核　人：　　　　　　　（签字及盖章）

编 制 单 位：　　　　　　　（盖章）

法定代表人

或其授权人：　　　　　　　（签字或盖章）

招　标　人：　　　　　　　（盖章）

法定代表人

或其授权人：　　　　　　　（签字或盖章）

编 制 时 间：

表 1-4-22 分部分项工程项目清单综合单价分析表

工程名称：　　　　　　　　　　　　　　　标段：　　　　　　　　　　第 页 共 页

项目编码		项目名称				计量单位	
项目特征							
序号	费用项目	单位	数量	计算基础/元	费率/%	单价/元	合价/元
1	人工费	—	—	—	—	—	
1.1	……						
2	材料费	—	—	—	—	—	
2.1	主要材料 1						
2.2	主要材料 2						
	……						
	其他材料费						
3	施工机具使用费	—	—	—	—	—	
3.1	机具 1						
3.2	机具 2						
	……						
	其他施工机具使用费						
4	1+2+3 小计	—	—	—	—	—	
5	管理费	—	—				
6	利润	—	—				
综合单价							

表 1-4-23 分部分项工程项目清单综合单价分析表（简版）

工程名称：　　　　　　　　　　　　　　　标段：　　　　　　　　　　第 页 共 页

序号	项目编码	项目名称	项目特征描述	计量单位	综合单价组成明细/元					
					人工费	材料费	施工机具使用费	管理费	利润	综合单价

表 1-4-24　措施项目清单构成明细分析表

工程名称：　　　　　　　　　　　标段：　　　　　　　　　第　页　共　页

序号	项目编码	措施项目名称	计算基础	费率/%	价格/元	价格构成明细/元					备注
						人工费	材料费	施工机具使用费	管理费	利润	
1		措施项目清单 1									
1.1		构成明细 1									
1.2		构成明细 2									
		……									
2		措施项目清单 2									
		合计									

注：采用费率计价方式的，应分别填写"计算基础""费率""价格"列数值；采用总价计价方式的，可只填"价格"列数值。

表 1-4-25　措施项目费用分析表

工程名称：　　　　　　　　　　　标段：　　　　　　　　　第　页　共　页

序号	项目编码	措施项目名称	价格/元	1.初始设立费用		2.中期运行费用		3.后期拆除费用	
				占比/%	金额/元	占比/%	金额/元	占比/%	金额/元
		本页小计		—		—		—	
		合计		—		—		—	

表 1-4-26　投标总价封面

_____工程

投标总价

投标人：_____（盖章）_____

年　月　日

表 1-4-27 投标总价扉页

工程名称：_____

标段名称：_____

投标总价

投标总价（小写）：_____

（大写）：_____

投　标　人：　　　　　　　（盖章）

法定代表人

或其授权人：　　　　　　　（签字或盖章）

编　制　人：　　　　　　　（签字及盖章）

编 制 时 间：

表 1-4-28 投标报价填报说明

工程名称：

注：投标报价填报说明应包括工程范围、工程特征、计划工期、施工现场情况、施工组织特点及其他需要说明的问题等内容。

表 1-4-29　大型机械进出场及安拆费用组成明细表

工程名称：　　　　　　　　　　　　　　标段：　　　　　　　　　第　页　共　页

序号	大型机械名称、规格、型号	数量	进出场次数	进出场费用单价 $C=C_1+C_2+C_3$			合价/元	备注
				机械安拆费	机械装卸运输费	固定装置安拆费		
		A	B	C_1	C_2	C_3	$D=A\cdot B\cdot C$	
本页小计								—
合计								—

注：1. 相同大型机械进出场价格不同时，应分别列项；

　　2. 有厂家特别说明要求的，可在备注栏列明。

表 1-4-30　竣工（过程）结算书封面

_____工程

竣工（过程）结算书

发包人：_____（盖章）_____

承包人：_____（盖章）_____

年　　月　　日

表 1-4-31　竣工（过程）结算价扉页

工程名称：＿＿＿＿＿＿＿＿＿＿

标段名称：＿＿＿＿＿＿＿＿＿＿

竣工（过程）结算价

签约合同价（小写）：＿＿＿＿＿（大写）：＿＿＿＿＿

竣工（过程）结算价（小写）：＿＿＿＿＿（大写）：＿＿＿＿＿

编　制　人：　　　　　　（造价专业人员签字及盖章）
审　核　人：　　　　　　（签字及盖章）
编　制　单　位：　　　（盖章）
法定代表人
或其授权人：　　　　　　（签字或盖章）

发　包　人：　　　　　　（盖章）
法定代表人
或其授权人：　　　　　　（签字或盖章）
承　包　人：　　　　　　（盖章）
法定代表人
或其授权人：　　　　　　（签字或盖章）
编　制　时　间：

表 1-4-32　竣工（过程）结算编制（审核）说明

工程名称：

注：竣工（过程）结算编制（审核）说明应包括工程概况、工程范围、编制（审核）依据，以及其他需要说明的问题等内容。

表 1-4-33　竣工（过程）结算汇总表

工程名称：　　　　　　　　　　　　　　标段：　　　　　　　　　　　　　第 页 共 页

序号	汇总内容	合同金额/元	合同价格调整金额±/元	结算金额/元	备注
		A	B	C=A+B	
1	分部分项工程项目				详见表 1-4-34
1.1	单位工程 1（分部分项工程项目）				
1.1.1	单位工程 1（分部分项工程项目）				
2	措施项目				详见表 1-4-35
2.1	其中：安全生产措施项目				
3	其他项目				详见表 1-4-10
3.1	其中：暂列金额				详见表 1-4-11
3.2	其中：专业工程暂估价				详见表 1-4-12
3.3	其中：计日工				详见表 1-4-13
3.4	其中：总承包服务费				详见表 1-4-14
3.5	其中：合同中约定的其他项目				
4	材料暂估价调整	—			详见表 1-4-8
5	物价变化调差	—			详见表 1-4-18 和表 1-4-19
6	法律法规及政策性变化	—			详见表 1-4-38
7	工程变更	—			详见表 1-4-39
8	新增工程				
9	工程索赔				详见表 1-4-40
10	发承包双方约定的其他项目调整	—			
11	增值税				详见表 1-4-16
	合计				

注：1. 专业工程暂估价为已含税价格，在计算增值税计算基础时不应包含专业工程暂估价金额；
　　2. 工程量清单缺陷事项引起的调整金额分别列入对应分部分项工程项目和措施项目的"合同价格调整金额"；
　　3. 本表适用于按合同标的为工程量清单编制对象的工程汇总计算，以单项工程、单位工程等为工程量清单编制对象的工程可参照本表汇总计算。

表 1-4-34　分部分项工程项目清单缺陷调整表

工程名称：　　　　　　　　　　　　　　标段：　　　　　　　　　　　　　第 页 共 页

序号	项目编码	项目名称	项目特征描述	计量单位	合同			工程量清单缺陷调整			调整金额±/元
					工程量	综合单价/元	合价/元	工程量	综合单价/元	合价/元	
					A_1	B_1	C_1	A_2	B_2	C_2	$D=C_2-C_1$
	本页小计							—	—		
	合计							—	—		

表 1-4-35　安全生产措施项目清单缺陷调整表

工程名称：　　　　　　　　　　　　　　　　　　标段：　　　　　　　　　　　　　　第　页　共　页

序号	项目编码	项目名称	合同金额/元 A_1	工程量清单缺陷修正金额/元 A_2	调整金额±/元 $B=A_2-A_1$	备注
		安全生产措施费				
	本页小计					—
	合计					—

注：安全生产措施费进行工程量清单缺陷调整的，应在"备注"中注明按合同约定及国家及省级、行业主管部门的规定计算的依据。

表 1-4-36　计日工竣工（过程）结算汇总表

工程名称：　　　　　　　　　　　　　　　　　　标段：　　　　　　　　　　　　　　第　页　共　页

序号	计日工事项编号	事项说明	金额/元	备注
		本页小计		—
		合计		—

表 1-4-37　计日工竣工（过程）结算明细表

工程名称：　　　　　　　　　　　　标段：　　　　　　　　　　　第 页 共 页

1. 承包人：
2. 施工部位：
3. 详细说明：

承包人：（签字盖章）　　　　　　　　　　　　发包人：（签字盖章）

编号	项目名称	单位	数量	综合单价/元	综合合价/元
一	人工				
1					
2					
3					
	人工小计				
二	材料				
1					
2					
3					
	材料小计				
三	施工机具				
1					
2					
3					
	施工机具小计				
	总计				

表 1-4-38　法律法规及政策性变化计价汇总表

工程名称：　　　　　　　　　　　　标段：　　　　　　　　　　　第 页 共 页

序号	法律法规及政策性变化项目名称	合价/元	法律法规及政策依据
	本页小计		—
	合计		—

表 1-4-39　变更汇总表

工程名称：　　　　　　　　　　　　　　标段：　　　　　　　　　　　　第　页　共　页

序号	变更编号	变更名称	变更金额/元	备注
		本页小计		—
		合计		—

表 1-4-40　工程索赔计价汇总表

工程名称：　　　　　　　　　　　　　　标段：　　　　　　　　　　　　第　页　共　页

序号	工程索赔项目名称	合价/元	索赔依据
	本页小计		
	合计		

表 1-4-41　工程计量申请（核准）表

工程名称：　　　　　　　　　　　　标段：　　　　　　　　　　　第　页　共　页

序号	项目编号	项目名称	计量单位	承包人申报数量	发包人核实数量	发包承包双方确认数量	备注

承包人代表：　　　　　监理工程师：　　　　　一级注册造价工程师：　　　　　发包人代表：

日期：　　　　　　　　日期：　　　　　　　　日期：　　　　　　　　日期：

注：承包人代表、监理工程师、发包人代表应相应签字或盖章，一级注册造价工程师应签字和盖章。

表 1-4-42　预付款支付申请（核准）表

工程名称：　　　　　　　　　　　标段：　　　　　　　　　　第　页　共　页

致：_____（发包人全称）

我方根据施工合同的约定，现申请支付工程预付款额为（大写）_____

（小写_____），请予核准。

序号	名称	申请金额/元	复核金额/元	备注
1	已签约合同价款金额			
2	其中：安全生产措施费			
3	应支付的预付款			
4	应支付的安全生产措施费			
5	合计应支付的预付款			

承包人（章）

编制人员_____　　承包人代表_____　　日期_____

复核意见：	复核意见：
□与合同约定不相符，修改意见见附件 □与合同约定相符，具体金额由造价工程师复核	你方提出的支付申请经复核，应支付预付款金额为（大写）_____ （小写_____）。
监理工程师_____ 日期_____	一级注册造价工程师_____ 日期_____

审核意见：

□不同意

□同意

发包人（章）

发包人代表_____

日期_____

注：1. 应在选择栏中的"□"内作标识"√"；

　　2. 本表应一式四份，由承包人填报，发包人、监理人、工程造价咨询人、承包人各存一份；

　　3. 编制人员、一级注册造价工程师应签字和盖章，承包人代表、监理工程师、发包人代表应签字或盖章。

表1-4-43 进度款支付申请（核准）表

工程名称：_____　　　　标段：_____　　　　第　页　共　页

致：_____（发包人全称）

我方于_____至_____期间已完成了_____工作，根据施工合同的约定，现申请支付本周期的

合同款额为（大写）_____（小写_____），请予核准。

序号	名称	申请金额/元	复核金额/元	备注
1	累计完成工程总值			
2	累计已扣回预付款			
3	累计应付进度款			
4	前期累计支付进度款			
5	发包人应扣除的价款			
6	本期应付进度款			

承包人（章）

编制人员_____　　承包人代表_____　　日期_____

复核意见：	复核意见：
□与实际施工情况不相符，修改意见见附件 □与实际施工情况相符，具体金额应由造价工程师复核 监理工程师_____ 日期_____	你方提出的支付申请经复核，本期间已完成合同款额为（大写）_____（小写_____），本期间应支付金额为（大写）_____（小写_____）。 一级注册造价工程师_____ 日期_____

审核意见：
□不同意
□同意

发包人（章）

发包人代表_____

日期_____

注：1. 应在选择栏中的"□"内作标识"√"；

2. 本表应一式四份，由承包人填报，发包人、监理人、工程造价咨询人、承包人各存一份；

3. 编制人员、一级注册造价工程师应签字和盖章，承包人代表、监理工程师、发包人代表应签字或盖章。

表 1-4-44　施工过程结算款支付申请（核准）表

工程名称：_____　　　标段：_____　　　第　页　共　页

致：_____（发包人全称）

我方于_____至_____期间已完成合同_____节点约定的工作，根据施工合同的约定，现申请支付施工过程结算款额为（大写）_____（小写_____），请予核准。

序号	名称	申请金额/元	复核金额/元	备注
1	累计已完成的施工过程结算款			
1.1	累计已完成的分部分项工程项目费			
1.2	累计已完成的措施项目费			
1.3	累计已完成的其他项目费			
1.4	累计已完成合同价款调整金额			
1.5	累计应计算的增值税			
2	累计已支付的施工过程结算款			
3	本期合计应扣减的金额			
3.1	本期应扣回的预付款			
3.2	本期应扣回的已支付进度款			
3.3	本期发包人应扣减的金额			
4	本期应支付的施工过程结算款			

承包人（章）

编制人员_____　　承包人代表_____　　日期_____

复核意见：	复核意见：
□与实际施工情况不相符，修改意见见附件 □与实际施工情况相符，具体金额应由造价工程师复核	你方提出的过程结算款支付申请经复核，本期结算款总额为（大写）_____ （小写_____），扣除前期支付以及质量保证金后，按支付比例本期应支付金额为（大写）_____ （小写_____）。
监理工程师_____ 日期_____	一级注册造价工程师_____ 日期_____

审核意见：

□不同意

□同意

发包人（章）

发包人代表_____

日期_____

注：1. 应在选择栏中的"□"内作标识"√"；

　　2. 本表应一式四份，由承包人填报，发包人、监理人、工程造价咨询人、承包人各存一份；

　　3. 编制人员、一级注册造价工程师应签字和盖章，承包人代表、监理工程师、发包人代表应签字或盖章。

表 1-4-45 竣工计算款支付申请（核准）表

工程名称：_____   标段：_____   第 页 共 页

致：_____（发包人全称）

我方于_____至_____期间已完成合同约定的工作，工程已经完工，根据施工合同的约定，现申请支付竣工结算合同款额为（大写）_____（小写_____），请予核准。

序号	名称	申请金额/元	复核金额/元	备注
1	工程竣工结算价款总额			
2	累计已实际支付的价款			
3	应预留的质量保证金			
4	实际应支付的竣工结算款金额			

承包人（章）

编制人员_____   承包人代表_____   日期_____

复核意见：	复核意见：
□与实际施工情况不相符，修改意见见附件 □与实际施工情况相符，具体金额应由造价工程师复核 监理工程师_____ 日期_____	你方提出的竣工结算款支付申请经复核，竣工结算款总额为（大写）_____ （小写_____），扣除前期支付以及质量保证金后应支付金额为（大写）_____ （小写_____）。 一级注册造价工程师_____ 日期_____

审核意见：
□不同意
□同意

发包人（章）

发包人代表_____

日期_____

注：1. 应在选择栏中的"□"内作标识"√"；

2. 本表应一式四份，由承包人填报，发包人、监理人、工程造价咨询人、承包人各存一份；

3. 编制人员、一级注册造价工程师应签字和盖章，承包人代表、监理工程师、发包人代表应签字或盖章。

表 1-4-46 工程保修与结清结算支付申请（核准）表

工程名称：   标段：   第 页 共 页

致： _____（发包人全称）

    我方于_____至_____期间已完成了缺陷修复工作，根据施工合同的约定，现申请支付工程保修结算的合同款额为（大写）_____（小写_____），请予核准。

序号	名称	申请金额/元	复核金额/元	备注
1	已预留的质量保证金			
2	应增加因发包人原因造成缺陷的修复金额			
3	应扣减承包人不修复缺陷、发包人组织修复的金额			
4	最终应支付的合同价款			

附：上述 3、4 详见附件清单。

承包人（章）

编制人员_____ 承包人代表_____ 日期_____

复核意见： □与实际施工情况不相符，修改意见见附件 □与实际施工情况相符，具体金额应由造价工程师复核 监理工程师_____ 日期_____	复核意见： 你方提出的支付申请经复核，本期间应支付金额为（大写）_____ （小写_____）。 一级注册造价工程师_____ 日期_____

审核意见：
□不同意
□同意

发包人（章）
发包人代表_____
日期_____

注：1. 应在选择栏中的"□"内作标识"√"；如监理人已退场，监理工程师栏可空缺。

    2. 本表应一式四份，应由承包人填报，发包人、监理人、工程造价咨询人、承包人各存一份。

    3. 编制人员、一级注册造价工程师应签字和盖章，承包人代表、监理工程师、发包人代表应签字或盖章。

表 1-4-47　费用索赔申请（核准）表

工程名称：　　　　　　　　　　　　　标段：　　　　　　　　　　　　第　页　共　页

致：＿＿＿＿＿＿＿＿＿＿＿＿＿（发包人全称）

　　根据施工合同条款＿＿＿＿＿＿＿条的约定，由于＿＿＿＿＿＿＿的原因，我方要求索赔金额（大写）＿＿＿＿＿＿＿

（小写＿＿＿＿＿＿＿＿＿＿＿），请予核准。

附：1．费用索赔的详细理由和依据：

　　2．索赔金额的计算：

　　3．证明材料：

<table>
<tr><td colspan="2" align="right">承包人（章）</td></tr>
<tr><td>编制人员＿＿＿＿＿＿　　承包人代表＿＿＿＿＿＿</td><td>日期＿＿＿＿＿＿</td></tr>
<tr>
<td>

复核意见：

　　根据施工合同条款＿＿＿＿＿＿条的约定，你方提出的费用索赔申请经复核：

□不同意此项索赔，具体意见见附件

□同意此项索赔，索赔金额的计算，由造价工程师复核

监理工程师＿＿＿＿＿＿

日期＿＿＿＿＿＿

</td>
<td>

复核意见：

　　根据施工合同条款＿＿＿＿＿＿条的约定，你方提出的费用索赔申请经复核，索赔金额为（大写）＿＿＿＿＿＿＿（小写＿＿＿＿＿＿）。

一级注册造价工程师＿＿＿＿＿＿

日期＿＿＿＿＿＿

</td>
</tr>
<tr>
<td colspan="2">

审核意见：

□不同意

□同意

发包人（章）
发包人代表＿＿＿＿＿＿
日期＿＿＿＿＿＿

</td>
</tr>
</table>

注：1．应在选择栏中的"□"内作标识"√"；如监理人已退场，监理工程师栏可空缺。

　　2．本表应一式四份，应由承包人填报，发包人、监理人、工程造价咨询人、承包人各存一份。

　　3．编制人员、一级注册造价工程师应签字和盖章，承包人代表、监理工程师、发包人代表应签字或盖章。

1.5 任务解析：建筑装饰装修工程定额计价

▍1.5.1 建筑装饰装修工程费用构成及内容

    根据《住房城乡建设部　财政部关于印发〈建筑安装工程费用项目组成〉的通知》（建标〔2013〕44号）中关于工程费用的规定，按费用构成要素划分，建筑装饰装修工程费用由人工费、材料费、施工机具使用费、企业管理费、利润、规费和税金组成，具体构成如图 1-5-1 所示。

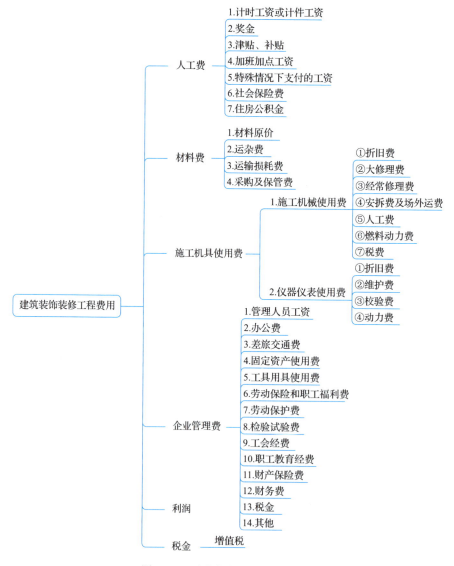

图 1-5-1　建筑装饰装修工程费用

1. 人工费

人工费是指按工资总额构成规定，支付给从事建筑安装工程施工的生产工人和附属生产单位工人的各项费用。具体包括以下几项。

1）计时工资或计件工资：按计时工资标准和工作时间或对已做工作按计件单价支付给个人的劳动报酬。

2）奖金：对超额劳动和增收节支支付给个人的劳动报酬，如节约奖、劳动竞赛奖等。

3）津贴、补贴：为了补偿职工特殊或额外的劳动消耗和因其他特殊原因支付给个人的津贴，以及为了保证职工工资水平不受物价影响支付给个人的物价补贴，如流动施工津贴、特殊地区施工津贴、高温（寒）作业临时津贴、高空津贴等。

4）加班加点工资：按规定支付的在法定节假日工作的加班工资和在法定日工作时间外延时工作的加点工资。

5）特殊情况下支付的工资：根据国家法律、法规和政策规定，因病、工伤、产假、计划生育假、婚丧假、事假、探亲假、定期休假、停工学习、执行国家或社会义务等原因按计时工资标准或计时工资标准的一定比例支付的工资。

6）社会保险费。

养老保险费：企业按照规定标准为职工缴纳的基本养老保险费。

失业保险费：企业按照规定标准为职工缴纳的失业保险费。

医疗保险费：企业按照规定标准为职工缴纳的基本医疗保险费。

生育保险费：企业按照规定标准为职工缴纳的生育保险费。

工伤保险费：企业按照规定标准为职工缴纳的工伤保险费。

7）住房公积金：企业按规定标准为职工缴纳的住房公积金。

2. 材料费

材料费是指施工过程中耗费的原材料、辅助材料、构配件、零件、半成品或成品、工程设备的费用。具体包括以下几项。

1）材料原价：材料、工程设备的出厂价格或商家供应价格。

2）运杂费：材料、工程设备自来源地运至工地仓库或指定堆放地点所发生的全部费用。

3）运输损耗费：材料在运输装卸过程中不可避免的损耗。

4）采购及保管费：为组织采购、供应和保管材料、工程设备的过程中所需要的各项费用，包括采购费、仓储费、工地保管费、仓储损耗。工程设备是指构成或计划构成永久工程一部分的机电设备、金属结构设备、仪器装置及其他类似的设备和装置。

3. 施工机具使用费

施工机具使用费是指施工作业所发生的施工机械、仪器仪表使用费或其租赁费。

（1）施工机械使用费

施工机械使用费以施工机械台班耗用量乘以施工机械台班单价表示。施工机械台班单价应由下列七项费用组成。

1）折旧费：施工机械在规定的使用年限内，陆续收回其原值的费用。

2）大修理费：施工机械按规定的大修理间隔台班进行必要的大修理，以恢复其正常功能所需的费用。

3）经常修理费：施工机械除大修理外的各级保养和临时故障排除所需的费用，包括为保障机械正常运转所需替换设备与随机配备工具附具的摊销和维护费用，机械运转中日常保养所需润滑与擦拭的材料费用及机械停滞期间的维护和保养费用等。

4）安拆费及场外运费：安拆费是指施工机械（大型机械除外）在现场进行安装与拆卸所需的人工、材料、机械和试运转费用及机械辅助设施的折旧、搭设、拆除等费用；场外运费是指施工机械整体或分体自停放地点运至施工现场或由一施工地点运至另一施工地点的运输、装卸、辅助材料及架线等费用。

5）人工费：机上司机（司炉）和其他操作人员的人工费。

6）燃料动力费：施工机械在运转作业中所消耗的各种燃料及水、电等。

7）税费：施工机械按照国家规定应缴纳的车船使用税、保险费及年检费等。

（2）仪器仪表使用费

仪器仪表使用费是指工程施工所需使用的仪器仪表的摊销及维修费用。

4. 企业管理费

企业管理费是指建筑安装企业组织施工生产和经营管理所需的费用。具体包括以下内容。

1）管理人员工资：按规定支付给管理人员的计时工资、奖金、津贴补贴、加班加点工资及特殊情况下支付的工资等。

2）办公费：企业管理办公用的文具、纸张、账表、印刷、邮电、书报、办公软件、现场监控、会议、水电、烧水和集体取暖降温（包括现场临时宿舍取暖降温）等费用。

3）差旅交通费：职工因公出差、调动工作的差旅费、住勤补助费，市内交通费和误餐补助费，职工探亲路费，劳动力招募费，职工退休、退职一次性路费，工伤人员就医路费，工地转移费，以及管理部门使用的交通工具的油料、燃料等费用。

4）固定资产使用费：管理和试验部门及附属生产单位使用的属于固定资产的房屋、设备、仪器等的折旧费、大修费、维修费或租赁费。

5）工具用具使用费：企业施工生产和管理使用的不属于固定资产的工具、器具、家具、交通工具和检验、试验、测绘、消防用具等的购置费、维修费和摊销费。

6）劳动保险和职工福利费：由企业支付的职工退职金、按规定支付给离休干部的经费，集体福利费、夏季防暑降温补贴、冬季取暖补贴、上下班交通补贴等。

7）劳动保护费：企业按规定发放的劳动保护用品的支出，如工作服、手套、防暑降温饮料及在有碍身体健康的环境中施工的保健费用等。

8）检验试验费：施工企业按照有关标准规定，对建筑及材料、构件和建筑安装物进行一般鉴定、检查所发生的费用，包括自设实验室进行试验所耗用的材料等费用。检验试验费不包括新结构、新材料的试验费，对构件做破坏性试验及其他特殊要求检验试验的费用和建设单位委托检测机构进行检测的费用，对此类检测发生的费用，由建设单位在工程建设其他费用中列支。但对施工企业提供的具有合格证明的材料进行检测不合格的，该检测费用由施工企业支付。

9）工会经费：企业按《中华人民共和国工会法》规定的全部职工工资总额比例计提的工会经费。

10）职工教育经费：按职工工资总额的规定比例计提，企业为职工进行专业技术和职业技能培训，专业技术人员继续教育、职工职业技能鉴定、职业资格认定及根据需要对职工进行各类文化教育所发生的费用。

11）财产保险费：施工管理用财产、车辆等的保险费用。

12）财务费：企业为施工生产筹集资金或提供预付款担保、履约担保、职工工资支付担保等所发生的各种费用。

13）税金：企业按规定缴纳的房产税、车船使用税、土地使用税、印花税、城市维护建设税、教育费附加及地方教育附加。

14）其他：包括技术转让费、技术开发费、投标费、业务招待费、绿化费、广告费、公证费、法律顾问费、审计费、咨询费、保险费等。

5. 利润

利润是指施工企业完成所承包工程获得的盈利。

6. 税金

税金是指施工企业从事建筑服务，根据国家税法规定，应计算建筑安装工程造价的增值税销项税额。

1.5.2　建筑装饰装修工程定额计价

1. 建筑装饰装修工程费用计算

根据《住房城乡建设部　财政部关于印发〈建筑安装工程费用项目组成〉的通知》（建标〔2013〕44号）中关于工程费用的规定，并结合最新调整后的2018《山西省建设工程计价依据》将建筑装饰装修工程费用的组成及计算程序列出，如表1-5-1和表1-5-2所示。

表1-5-1　建筑装饰装修工程费用的组成及计算程序表（以工料机为计算基础）

序号	费用项目	计算公式
1	定额工料机（包括施工技术措施费）	按最新调整后的2018《山西省建设工程计价依据》计价定额计算
2	人工费	按最新调整后的2018《山西省建设工程计价依据》计价定额计算
3	施工组织措施费	1×相应费率
4	企业管理费	1×相应费率
5	利润	1×相应利润率
6	税金	(1+3+4+5)×税率
7	工程造价	1+3+4+5+6

表1-5-2　建筑装饰装修工程费用的组成及计算程序表（以人工费为计算基础）

序号	费用项目	计算公式
1	定额工料机（包括施工技术措施费）	按最新调整后的2018《山西省建设工程计价依据》计价定额计算
2	人工费	按最新调整后的2018《山西省建设工程计价依据》计价定额计算
3	施工组织措施费	2×相应费率
4	企业管理费	2×相应费率
5	利润	2×相应利润率
6	税金	(1+3+4+5)×税率
7	工程造价	1+3+4+5+6

2. 人工费

计算人工费的基本要素有两个，即人工工日消耗量和人工日工资单价。人工工日消耗量由分项工程所综合的各个工序劳动定额包含的基本用工和其他用工两部分组成。计算公式如下。

$$人工费=\sum(工日消耗量×日工资单价)$$

3. 材料费

1）材料消耗量，包括材料净用量和材料不可避免的损耗量。

2）材料单价，包括材料原价（或供应价格）、材料运杂费、运输损耗费、采购及保管费等。计算公式如下。

$$材料费=\sum(材料消耗量×材料单价)$$

当一般纳税人采用一般计税方法时，材料单价中的材料原价、材料运杂费等均应扣除增值税进项税额。

4. 施工机具使用费

1）施工机械使用费$=\sum(施工机械台班消耗量×施工机械台班单价)$。

2）仪器仪表使用费$=\sum(仪器仪表台班消耗量×施工仪器仪表台班单价)$。

当一般纳税人采用一般计税方法时，施工机械台班单价和仪器仪表台班单价中的相关子项均需扣除增值税进项税额。

5. 企业管理费

1）以分部分项工程费为计算基础，企业管理费费率计算公式如下。

$$企业管理费费率(\%)=\frac{生产工人年平均管理费}{年有效施工天数×人工单价}×人工费占分部分项工程费比例(\%)$$

2）以人工费和机械费合计为计算基础，企业管理费费率计算公式如下。

$$企业管理费费率(\%)=\frac{生产工人年平均管理费}{年有效施工天数×(人工单价+每一工日机械使用费)}×100\%$$

3）以人工费为计算基础，企业管理费费率计算公式如下。

$$企业管理费费率(\%)=\frac{生产工人年平均管理费}{年有效施工天数×人工单价}×100\%$$

上述 3 个公式适用于施工企业投标报价时自主确定管理费，是工程造价管理机构编制计价定额确定企业管理费的参考依据。

工程造价管理机构在确定计价定额中的企业管理费时，应以定额人工费或（定额人工费+定额机械费）作为计算基数，其费率根据历年工程造价积累的资料，辅以调查数据确定，列入分部分项工程和措施项目中。企业管理费的计算公式如下。

$$企业管理费=\sum(计费基数×相应的管理费率)$$

当一般纳税人采用一般计税方法时，可以抵扣增值税进项税额的子项有办公费、固定资产使用费、工具用具使用费、检验试验费。

6. 利润

利润的计算公式如下。

$$利润=计费基数×相应的利润率$$

1）利润可由施工企业根据企业自身需求并结合建筑市场实际自主确定，并列入报价中。

2）工程造价管理机构在确定计价定额中的利润时，应以定额人工费或（定额人工费+定额机械费）作为计算基数，其费率根据历年工程造价积累的资料，并结合建筑市场实际确定，以单位（单项）工程测算，利润在税前建筑安装工程费的比例可按不低于 5%且不高于 7%的费率计算。利润应列入分部分项工程和措施项目中。

7. 税金

税金的计算公式如下。

$$税金=税前造价×综合税率(\%)$$

1）采用一般计税方法：增值税=税前造价×9%。

一般纳税人采用一般计税的方式时，税前造价为人工费、材料费、施工机具使用费、企业管理费、利润和规费之和，各费用项目均以不包含增值税可抵扣进项税额的价格计算。

2）采用简易计税方法：增值税=税前造价×3%。

小规模纳税人、清包工、甲供工程、已有项目采用建议计税方式时，税前造价为人工费、材料费、施工机具使用费、企业管理费、利润和规费之和，各费用项目均以包含增值税可抵扣进项税额的价格计算。

1.6　任务解析: 建筑装饰装修工程工程量及建筑面积计算

1.6.1　建筑装饰装修工程工程量

1. 工程量的概念

工程量是指以物理计量单位或自然计量单位所表示各分项工程或结构、构造构件的实物数量。物理计量单位，即量度单位，如"m^3""m^2""m""t"等常用的计量单位。自然计量单位，即无须量度而按自然个体数量计量的单位，如"樘""个""台""组""套"等常用的计量单位。

计算工程量是编制建筑装饰装修工程预算造价的基础工作，是预算文件的重要组成部分。建筑装饰装修工程预算造价主要取决于工程量和工程单价（即定额基价）两个基本因素。工程量是按照图纸规定的尺寸与工程量计算规则计算的，工程单价是按定额规定确定的。为了能准确计算工程造价，这两者的数量都须准确且缺一不可。工程量计算得准确与否，将直接影响定额直接费，进而影响整个装饰工程的预算造价。

工程量是施工企业编制施工组织计划、确定工程工作量、组织劳动力、合理安排施工进度和供应装饰材料、施工机具的重要依据。同时，工程量也是建设项目各管理职能部门、计划部门和统计部门的工作内容之一。例如，某段时间某领域所完成的实物工程量指标就是以工程量为计算基准的。

工程量的计算是一项复杂而细致的工作，其工作量在整个预算中所占比例较大，任何粗心大意，都将造成计算上的错误，致使工程造价偏离实际，造成国家资金的浪费和装饰材料的积压。因此，正确计算工程量，对建设单位、施工企业和工程项目管理部门，对准确确定装饰装修工程造价都具有重要的现实意义。

2. 工程量的计算依据

工程量的计算依据有以下几项。

1）清单计价应依据《建设工程工程量清单计价标准》（GB/T 50500—2024）；定额计价应依据各地区相关建筑工程管理部门制定的《×××建筑装饰装修工程预算定额》。

2）施工图纸及相关标准图。施工图纸是计算工程量的基本依据。有时为了简化设计程序，对已有的标准构件，设计者会在施工图中指明所应用的相关标准图集，而不在施工图中绘制，以减少绘图工作量。在进行工程量计算时，我们要根据设计要求，查阅相关图集。

3）招标文件。招标文件规定工程量的计算依据、计算范围，因此招标文件也是工程量计算的依据之一。

4）施工组织设计或施工组织方案也是工程量计算的重要依据之一，如施工现场的平面布置形式、是否二次搬运、是否有夜间赶工措施等。

5）工程量计算手册是重要的参考资料。在计算工程量时，计算公式、技术资料可参阅工程量计算手册。

3. 工程量的作用

工程量的作用包括以下几点。

1）工程量是分部分项工程量清单的基础数量。只有计算出工程量后，才能依据消耗量定额确定分部分项工程消耗的人工、材料、机械台班数量。

2）有利于投标方报价。将确定的分部分项工程消耗的人工、材料、机械台班数量乘以人工、材料、机械台班单价得到直接工程费，从而确定投标方报价。

3）有利于准确计算标底和标价。建设单位同样可用该方法来确定标底和标价。

4）准确计算工程量可减少工程竣工结算时不必要的纠纷。在新的工程造价体制下，工程造价实行量、价分离。甲方（业主）提供工程量，承担由于工程量计算错误所造成的风险；乙方（施工企业）自主报价，承担由于价格变动造成的风险，所以准确计算工程量可减少工程竣工结算时的纠纷。

1.6.2　建筑面积计算

1. 基本概念

建筑面积是指建筑物的
水平面面积，是建筑物各层
面积的总和，包括使用面积、
辅助面积和结构面积。使用

视频：计算建筑面　视频：计算建筑　视频：建筑面积　视频：建筑面积
积的范围（一）　　面积的范围（二）　计算规范 1　　计算规范 2

面积是指建筑物各层平面面积中直接为生产或生活使用的净面积之和；辅助面积是指建筑物
各层平面面积中为辅助生产或辅助生活所占净面积之和；结构面积是指建筑物各层平面面积
中的墙、柱等结构所占面积之和。

2. 建筑面积的作用

1）建筑面积是确定建筑规模的重要指标。根据项目立项批准文件所核准的建筑面积，是
初步设计的重要控制指标。对于国家投资的项目，施工图的建筑面积不得超过初步设计的 5%，
否则必须重新报批。

2）建筑面积是确定各项技术经济指标的基础。只有确定了具体的建筑面积，才能确定每
平方米建筑面积的工程造价。

3）建筑面积是计算有关分项工程量的依据。应用统筹计算方法，根据底层建筑面积，就
可以很方便地推算出室内回填土体积、地（楼）面面积和天棚面积等。另外，建筑面积也是
脚手架、垂直运输机械费用的计算依据。

4）建筑面积是选择概算指标和编制概算的主要依据。概算指标通常以建筑面积为计量单
位。用概算指标编制概算时，要以建筑面积为计算基础。

3. 建筑面积计算规则

《建筑工程建筑面积计算规范》（GB/T 50353—2013）规定了建筑面积的计算方法。

1）建筑物的建筑面积应按自然层外墙结构外围水平面积之和计算。结构层高在 2.20m 及
以上的，应计算全面积；结构层高在 2.20m 以下的，应计算 1/2 面积。

2）建筑物内设有局部楼层时，对于局部楼层的二层及以上楼层，有围护结构的应按其围
护结构外围水平面积计算，无围护结构的应按其结构底板水平面积计算，且结构层高在 2.20m
及以上的，应计算全面积；结构层高在 2.20m 以下的，应计算 1/2 面积。

3）对于形成建筑空间的坡屋顶，结构净高在 2.10m 及以上的部位应计算全面积；结构净
高在 1.20m 及以上至 2.10m 以下的部位应计算 1/2 面积；结构净高在 1.20m 以下的部位不应
计算建筑面积。

4）对于场馆看台下的建筑空间，结构净高在 2.10m 及以上的部位应计算全面积；结构净
高在 1.20m 及以上至 2.10m 以下的部位应计算 1/2 面积；结构净高在 1.20m 以下的部位不应
计算建筑面积。室内单独设置的有围护设施的悬挑看台，应按看台结构底板水平投影面积计
算建筑面积。有顶盖无围护结构的场馆看台应按其顶盖水平投影面积的 1/2 计算建筑面积。

5）地下室、半地下室应按其结构外围水平面积计算。结构层高在 2.20m 及以上的，应计
算全面积；结构层高在 2.20m 以下的，应计算 1/2 面积。

6）出入口外墙外侧坡道有顶盖的部位，应按其外墙结构外围水平面积的 1/2 计算面积。

7）建筑物架空层及坡地建筑物吊脚架空层，应按其顶板水平投影计算建筑面积。结构层高在 2.20m 及以上的，应计算全面积；结构层高在 2.20m 以下的，应计算 1/2 面积。

8）建筑物的门厅、大厅应按一层计算建筑面积，门厅、大厅内设置的走廊应按走廊结构底板水平投影面积计算建筑面积。结构层高在 2.20m 及以上的，应计算全面积；结构层高在 2.20m 以下的，应计算 1/2 面积。

9）对于建筑物间的架空走廊，有顶盖和围护结构的，应按其围护结构外围水平面积计算全面积；无围护结构、有围护设施的，应按其结构底板水平投影面积计算 1/2 面积。

10）对于立体书库、立体仓库、立体车库，有围护结构的，应按其围护结构外围水平面积计算建筑面积；无围护结构、有围护设施的，应按其结构底板水平投影面积计算建筑面积。无结构层的应按一层计算，有结构层的应按其结构层面积分别计算。结构层高在 2.20m 及以上的，应计算全面积；结构层高在 2.20m 以下的，应计算 1/2 面积。

11）有围护结构的舞台灯光控制室，应按其围护结构外围水平面积计算。结构层高在 2.20m 及以上的，应计算全面积；结构层高在 2.20m 以下的，应计算 1/2 面积。

12）附属在建筑物外墙的落地橱窗，应按其围护结构外围水平面积计算。结构层高在 2.20m 及以上的，应计算全面积；结构层高在 2.20m 以下的，应计算 1/2 面积。

13）有围护设施的室外走廊（挑廊），应按其结构底板水平投影面积计算 1/2 面积；有围护设施（或柱）的檐廊，应按其围护设施（或柱）外围水平面积计算 1/2 面积。

14）门斗应按其围护结构外围水平面积计算建筑面积，且结构层高在 2.20m 及以上的，应计算全面积；结构层高在 2.20m 以下的，应计算 1/2 面积。

15）门廊应按其顶板的水平投影面积的 1/2 计算建筑面积；有柱雨篷应按其结构板水平投影面积的 1/2 计算建筑面积；无柱雨篷的结构外边线至外墙结构外边线的宽度在 2.10m 及以上的，应按雨篷结构板的水平投影面积的 1/2 计算建筑面积。

16）设在建筑物顶部的、有围护结构的楼梯间、水箱间、电梯机房等，结构层高在 2.20m 及以上的应计算全面积；结构层高在 2.20m 以下的，应计算 1/2 面积。

17）围护结构不垂直于水平面的楼层，应按其底板面的外墙外围水平面积计算。结构净高在 2.10m 及以上的部位，应计算全面积；结构净高在 1.20m 及以上至 2.10m 以下的部位，应计算 1/2 面积；结构净高在 1.20m 以下的部位，不应计算建筑面积。

18）室外楼梯应并入所依附建筑物自然层，并应按其水平投影面积的 1/2 计算建筑面积。

19）在主体结构内的阳台，应按其结构外围水平面积计算全面积；在主体结构外的阳台，应按其结构底板水平投影面积计算 1/2 面积。

20）有顶盖无围护结构的车棚、货棚、站台、加油站、收费站等，应按其顶盖水平投影面积的 1/2 计算建筑面积。

21）以幕墙作为围护结构的建筑物，应按幕墙外边线计算建筑面积。

22）建筑物的外墙外保温层，应按其保温材料的水平截面面积计算，并计入自然层建筑面积。

23）与室内相通的变形缝，应按其自然层合并在建筑物建筑面积内计算。对于高低联跨的建筑物，当高低跨内部连通时，其变形缝应计算在低跨面积内。

24）对于建筑物内的设备层、管道层、避难层等有结构层的楼层，结构层高在 2.20m 及以上的，应计算全面积；结构层高在 2.20m 以下的，应计算 1/2 面积。

25）下列项目不应计算建筑面积：

① 与建筑物内不相连通的建筑部件。

② 骑楼、过街楼底层的开放公共空间和建筑物通道。

③ 舞台及后台悬挂幕布和布景的天桥、挑台等。

④ 露台、露天游泳池、花架、屋顶的水箱及装饰性结构构件。

⑤ 建筑物内的操作平台、上料平台、安装箱和罐体的平台。

⑥ 勒脚、附墙柱、垛、台阶、墙面抹灰、装饰面、镶贴块料面层、装饰性幕墙，主体结构外的空调室外机搁板（箱）、构件、配件，挑出宽度在 2.10m 以下的无柱雨篷和顶盖高度达到或超过两个楼层的无柱雨篷。

⑦ 窗台与室内地面高差在 0.45m 以下且结构净高在 2.10m 下的凸（飘）窗，窗台与室内地面高差在 0.45m 及以上的凸（飘）窗。

⑧ 室外爬梯、室外专用消防钢楼梯。

⑨ 无围护结构的观光电梯。

⑩ 建筑物以外的地下人防通道，独立的烟囱、烟道、地沟、油（水）罐、气柜、水塔、储油（水）池、储仓、栈桥等构筑物。

项目 2

建筑装饰装修工程预算定额的编制与应用

项目引入 通过对本项目的整体认识，形成建筑装饰装修工程预算定额编制的知识及技能体系。

▌**学习目标** 1. 熟悉建筑装饰装修工程预算定额计量单位的确定规定。
2. 掌握消耗量指标的确定方法。
3. 掌握人工、材料和机械台班单价的确定方法。
4. 理解并掌握预算定额的内容。

▌**能力要求** 1. 能够进行消耗量指标、人工、材料和机械台班单价的确定。
2. 能根据预算定额的规定，进行定额的预算价格确定。
3. 能分别进行预算定额的直接套用和换算套用。

▌**思政目标** 1. 增强团队意识，提高团队协作能力和沟通能力。
2. 发扬专注执着、精益求精、追求卓越的工匠精神。

项目解析 在项目引入的基础上，专业指导教师针对学生的实际学习能力，讲解查找并使用相应预算定额的方法，对装饰工程预算定额的使用和套用方法，使学生能够完成工程费用的计算。

2.1 项目概述：定额及建设工程定额

1. 定额及建设工程定额的基本概念

定额即规定的额度，是人们根据不同的需要，对一事物规定的数量标准。

建设工程定额是指在正常的施工条件和合理劳动组织、合理使用材料及机械的条件下，完成单位合格产品所必须消耗资源的数量标准，其中的资源主要包括在建设生产过程中所投入的人工、机械、材料和资金等生产要素，反映的是一种社会平均消耗水平。

建设工程定额反映了工程建设投入与产出的关系，一般除了规定的数量标准，还规定了具体的工作内容、质量标准和安全要求等。建设工程定额是工程建设中各类定额的总称。

2. 建设工程定额的类型

（1）按生产要素内容分类

按生产要素内容，建设工程定额可分为人工定额、材料消耗定额和施工机械台班使用定额。

1）人工定额。人工定额，也称劳动定额，是指在正常的施工技术条件下，完成单位合格产品所必需的人工消耗量标准。

2）材料消耗定额。材料消耗定额是指在合理和节约使用材料的条件下，生产合格单位产品所必须消耗的一定规格的材料、成品、半成品和水、电等资源的数量标准。

3）施工机械台班使用定额。施工机械台班使用定额也称施工机械台班消耗定额，是指施工机械在正常施工条件下完成单位合格产品所必需的工作时间。它反映了合理均衡地组织劳动和使用机械在单位时间内的生产效率。

（2）按编制程序和用途分类

按编制程序和用途，建设工程定额可分为施工定额、预算定额、概算定额等。

1）施工定额。施工定额是以同一性质的施工过程——工序作为研究对象，表示生产产品数量与时间消耗综合关系编制的定额。施工定额是工程建设定额总分项最细，定额子目最多的一种企业性质定额，属于基础性定额。它是编制预算定额的基础。

2）预算定额。预算定额是以建筑物或构筑物各个分部分项工程为对象编制的定额。预算定额是以施工定额为基础综合扩大编制的，同时也是编制概算定额的基础。

3）概算定额。概算定额是以扩大的分部分项工程为编制对象而编制的定额。

4）概算指标。概算指标是概算定额的扩大与合并，它是以整个建筑物和构筑物为对象，以更为扩大计量单位来编制的。

5）投资估算指标。投资估算指标是在项目建议书和可行性研究阶段编制的投资估算，计算投资需要量时使用的一种指标，是合理确定建设工程项目投资的基础。

（3）按编制单位和适用范围分类

按编制单位和适用范围，建设工程定额可分为全国统一定额、行业定额、地区定额、和企业定额。

1）全国统一定额。全国统一定额由国家主管部门统一组织编制，并在全国范围内执行的定额，如《通用安装工程消耗量定额》（TY 02—31—2015）等全国统一定额使国家的计划、统计、工程造价、组织管理等工作有了统一的尺度与可比性，有利于工程造价水平的控制、劳动生产率的提高和原材料消耗的节约。但全国统一定额也有其局限性，由于我国幅员辽阔，各地区在社会经济发展、施工技术与工艺、装备水平、构造做法上都存在差异，因此全国统一定额较难照顾周全。

2）行业定额。行业定额是指由行业建设行政主管部门组织，依据行业标准和规范，考虑行业工程建设特点，并根据本行业施工企业技术装备水平和管理情况进行编制、批准、发布，在本行业范围内使用的定额。

3）地区定额。地区定额以统一领导、分级管理为原则，由各省、自治区、直辖市（或计划单列市）根据本地区生产的物质供应、资源条件、气候及施工技术、管理水平等条件编制的，仅在本地区范围内执行的定额。地方定额也可以称"地区统一定额"，编制及管理权限在省一级，一般省级以下不再自行编制定额。

4）企业定额。企业定额是当执行全国统一定额和地方定额时，由于定额缺项或某些项目的定额水平已不能满足本企业施工生产的需要，而由建筑安装企业或总包单位会同有关部门或单位，在遵照有关定额水平的前提下，参考国家和地方颁发的价格标准、材料消耗等资料，经共同研究编制的，在企业内部使用的定额。

（4）按投资的费用性质分类

按照投资的费用性质，可将建设工程定额分为建筑工程定额、设备安装工程定额、建筑安装工程费用定额、工器具定额及工程建设其他费用定额等。

2.2 任务解析：建筑装饰装修工程预算定额的编制

2.2.1 预算定额计量单位的确定

定额的计量单位主要根据工程项目的形体特征、变化规律、组合情况来确定。计量单位一般有物理计量单位和自然计量单位两种。

物理计量单位，是指需要经过量度的单位。建筑装饰装修工程消耗量定额常用的物理计量单位有"m^3""m^2""m""t"等。

自然计量单位，是指不需要经过量度的单位。建筑装饰装修工程消耗量定额常用的自然计量单位有"个""台""组"等。

下面是计量单位的确定规则。

1）当物体长、宽、高三个方向不固定时，应以"m^3"为计量单位，如地面垫层等。

2）当物体厚度一定，而面积不固定时，应以"m^2"为计量单位，如楼地面工程、墙柱面抹灰、天棚吊顶工程等。

3）当物体的截面有一定形状，但长度方向不固定时，应以"m"为计量单位，如踢脚线、楼梯扶手等。

4）当物体形体相同，但质量和价格差异很大时，应以"kg""t"为计量单位，如金属结构构件、油漆等。

5）有些项目可以"个""台""套""座"等自然单位为计量单位，如卫生间毛巾杆、台面等。

计量单位确定后，为便于定额标定和使用，一般采用扩大单位，如 $100m^2$、$10m^3$、100m 等。

2.2.2 消耗量指标的确定

预算定额的人工、材料、机械台班消耗量指标，是以基础定额的消耗量指标为基础并考虑一定的幅度差来确定的。

1. 人工消耗量指标的确定

预算定额中的人工消耗量指标可以根据劳动定额计算求得，包括基本用工和其他用工。其中，其他用工包括辅助用工、超运距用工和人工幅度差。

1）基本用工是完成单位合格产品所必须消耗的技术工种用工。

$$基本用工(工日) = \sum(各工序工程量 \times 时间定额)$$

2）辅助用工是劳动定额中基本用工以外的材料加工和施工配合用工。

$$辅助用工(工日) = \sum(材料加工数量 \times 时间定额)$$

3）超运距用工是超过劳动定额基本用工中规定水平运距部分所需增加的用工量。

$$超运距用工(工日) = \sum(超运距材料数量 \times 时间定额)$$

4）人工幅度差是未包括在劳动定额作业时间内而在正常施工情况下不可避免发生的各种工时损失。

① 各工种间的工序搭接及交叉作业互相配合所发生的停歇用工。

② 施工机械在单位工程之间转移及临时水电线路移动所造成的停工。

③ 质量检查和隐蔽工程验收工作的影响。

④ 班组操作地点转移用工。

⑤ 工序交接时对前一工序不可避免的修正用工。

⑥ 施工中不可避免的其他零星用工。

人工幅度差=(基本用工+超运距用工+辅助用工)×人工幅度差系数（一般为 10%~12%）

5）综合工日的计算。

$$综合工日 = (基本用工+超运距用工+辅助用工) \times (1+人工幅度差系数)$$

2. 材料消耗量指标的确定

（1）主要材料消耗量指标

主要材料消耗量包括两部分：一部分为直接用于工程的材料用量，即材料的净用量；另一部分为操作过程中不可避免的施工废料和材料施工操作损耗，即材料的损耗量。

材料消耗量、材料净用量和材料损耗量之间的关系为

$$材料消耗量=材料净用量+材料损耗量=\frac{材料净用量}{1-材料损耗率}$$

其中，

$$材料损耗率=\frac{材料损耗量}{材料消耗量}\times100\%$$

在实际工程中，为了简化计算过程，材料损耗率往往用材料损耗量与材料净用量的比值计算，即

$$材料消耗量=材料净用量+材料损耗量=材料净用量\times(1+材料损耗率)$$

其中，

$$材料损耗率=\frac{材料损耗量}{材料净用量}\times100\%$$

（2）周转性材料消耗量指标

周转性材料是指在施工过程中多次使用、周转的工具性材料，如钢筋混凝土工程用的模板、脚手架，搭设脚手架用的杆子、跳板等。定额中，周转材料消耗量指标，应当用一次使用量和摊销量两个指标表示。一次使用量是指周转材料在不重复使用时的一次使用量，供施工企业组织施工用；摊销量是指周转材料退出使用，应分摊到一定计量单位的结构构件的周转材料消耗量，供施工企业成本核算或预算用。

1）砖砌体材料用量计算。

$$每立方米砌体中砌块体净用量(块)=\frac{标准块中砌块的数量}{标准块体积}$$

$$标准块体积=墙厚\times(砖长+灰缝厚)\times(砖厚+灰缝厚)$$

$$10m^3砖砌体消耗量(块)=\frac{10\times墙厚的砖数\times2}{墙厚\times(砖长+灰缝厚)\times(砖厚+灰缝厚)}\times(1+砖损耗率)$$

$$砂浆消耗量=(10-砖的净用量\times每块砖的体积)\div(1-砂浆损耗率)$$

【例 2-1】计算 10m³ 一砖半厚砖墙中砖和砂浆的消耗量（其中，标准砖尺寸为 240mm×115mm×53mm，灰缝宽 10mm，砖损耗率 1.5%，砂浆损耗率 1.2%）。

【解】

$$砖的净用量=\frac{10\times1.5\times2}{0.365\times(0.24+0.01)\times(0.053+0.01)}\approx5218.53(块)$$

$$砖的消耗量=5218.53\times(1+1.5\%)\approx5296.81(块)$$

$$砂浆用量=10-5296.81\times0.24\times0.115\times0.053=2.252(m^3)$$

$$砂浆的消耗量=2.252/(1-1.2\%)\approx2.28(m^3)$$

2）块料面层材料用量计算。

$$100\text{m}^2\text{块料用量(块)}=\frac{100}{(\text{块料长}+\text{灰缝厚})\times(\text{块料宽}+\text{灰缝厚})}\times(1+\text{块料损耗率})$$

$$100\text{m}^2\text{结合层砂浆用量(m}^3)=100\times\text{层厚}\times(1+\text{砂浆损耗率})$$

$$100\text{m}^2\text{贴块料面层灰缝或勾缝砂浆用量(m}^3/100\text{m}^2)=(100-\text{块料长}\times\text{块料宽}$$
$$\times\text{块料净用量})\times\text{灰缝深}\times(1+\text{砂浆损耗率})$$

3）砂浆配合比计算。

$$\text{砂用量}=\frac{\text{砂比例数}}{\text{配合比总比例数}-\text{砂比例数}\times\text{砂空隙率}}$$

$$\text{水泥用量}=\frac{\text{水泥比例数}\times\text{水泥容重}}{\text{砂比例数}}\times\text{砂用量}$$

$$\text{石灰膏用量}=\frac{\text{石灰膏比例数}}{\text{砂比例数}}\times\text{砂用量}$$

注意：预算定额主要材料消耗的净用量，是在材料消耗定额材料净用量的基础上，结合工程构造做法和综合取定的工程量进行调整而成。

【例 2-2】水泥石灰砂浆配合比为 $1:1:6$，水泥容重为 1200N/m^3，砂容重为 1550N/m^3、密度为 2650kg/m^3。淋制 1m^3 石灰膏需用生石灰 600kg。计算水泥石灰砂浆配合的材料用量。

【解】

$$\text{砂空隙率}=\left(1-\frac{1550}{2650}\right)\times100\%\approx41\%$$

$$\text{砂用量}=\frac{6}{(1+1+6)-6\times0.41}\approx1.083(\text{m}^3)>1\text{m}^3$$

$$\text{水泥用量}=\frac{1\times1200}{6}\times1=200(\text{kg})$$

$$\text{石灰膏用量}=\frac{1}{6}\times1\approx0.167(\text{m}^3)$$

$$\text{生石灰}=0.167\times600=100.20(\text{kg})$$

4）块料用量计算。

$$\text{块料用量(块/m}^2)=\frac{1}{(\text{块料长}+\text{灰缝厚})\times(\text{块料宽}+\text{灰缝厚})}\times(1+\text{块料损耗率})$$

3　机械台班消耗量指标的确定

预算定额中的施工机械台班消耗量，根据机械台班消耗定额的基本消耗量，加上机械消耗幅度差计算。机械消耗幅度差是指在合理的施工组织条件下机械的停歇时间。以使用机械为主的项目需要考虑机械幅度差；以机械操作为配合人工班组工作的项目不需要考虑机械幅度差。

（1）机械幅度差

考虑机械幅度差的因素包括以下几项。

1）施工机械转移工作面及配套机械相互影响损失的时间。

2）在正常施工条件下，机械在施工中不可避免的工序间歇。

3）工程开工或收尾时工作量不饱满所损失的时间。

4）检查工程质量影响机械操作的时间。

5）临时停机、停电影响机械操作的时间。

6）机械维修引起的停歇时间。

（2）大型机械消耗量指标的确定

大型机械消耗量需要确定的指标包括土石方、打桩、构件吊装、运输等项目施工用的大型机械台班消耗量指标。

大型机械台班消耗量指标的计算如下。

大型机械台班消耗量=台班消耗定额的基本消耗量×(1+机械消耗幅度差系数)

（3）操作小组配用的机械台班消耗量指标确定

垂直运输的塔吊、卷扬机、混凝土搅拌机、砂浆搅拌机是按工人小组配备使用的，应按小组产量计算台班产量，不增加机械消耗幅度差，其计算公式如下。

$$机械台班消耗量=\frac{分项定额计算单位值}{小组总产量}$$

$$小组总产量=小组总人数×每工日产量$$

2.2.3 人工、材料和机械台班单价的确定

在确定建筑装饰装修工程造价时，不但要确定工程所需的人工、材料和机械台班的消耗量，还要确定各地区建筑装饰行业的人工、材料和机械台班单价，从而真正做到工程计价的市场动态管理。在制定地区统一预算定额时，按照上述方法确定了人工、材料、施工机械台班的消耗量标准后，还需根据本地区的人工工日单价、材料预算价格和机械台班单价，计算出以货币形式表示的完成单位合格产品的基价或单位价格。

1. 人工单价的确定

（1）人工单价的组成

人工单价亦称工日单价或工日工资，是指直接从事建筑装饰装修工程施工的生产工人在一个工日内的全部费用。它反映该地区建筑装饰装修施工工人的日均工资水平。一般情况下，人工工日单价由以下内容构成。

1）基本工资。根据规定，生产工人基本工资包括岗位工资、技能工资和年终工资。基本工资与工人的技术等级有关。一般来说，技术等级越高，工资就越高，且相邻两个级别的工资差额随级别升高而增大。

2）工资性补贴。生产工人工资性补贴是指为了补偿工人额外或特殊的劳动消耗及保证工人的工资水平不受特殊条件影响，以补贴形式支付给工人的劳动报酬。例如，按规定标准发放的物价补贴、煤补贴、燃气补贴、交通费补贴、住房补贴、流动施工补贴和特殊工种补贴等。

3）辅助工资。生产工人辅助工资是指除生产工人年有效施工天数外的非作业天数的工资。例如，学习、培训期间的工资，调动工作、探亲、休假期间的工资，因气候影响的停工工资，女工哺乳期间的工资，病假在六个月以内的工资及产假、婚假、丧假期间的工资。

4）职工福利费。职工福利费是指按照国家规定标准计提的职工福利费。

5）劳动保护费。生产工人劳动保护费是指按规定标准发放的劳动保护用品的购置费及

修理费，如工作服装费用、防暑降温费，在有碍身体健康环境中施工的保健费用等。

目前，我国的人工单价均采用综合人工单价的形式，即根据综合取定不同工种、不同技术等级的工资单价及相应的工时比例进行加权平均，得出能够反映工程建设中生产工人一般价格水平的人工单价。

（2）影响人工单价变动的因素

1）社会平均工资水平。社会平均工资水平取决于社会经济发展水平、社会平均工资。随着经济的增长，社会平均工资也有大幅增长，从而工人单价也随之大幅提高。

2）生活消费指数。生活消费指数的提高会带动人工单价的提高，以防止生活水平的下降，或维持原来的生活水平。生活消费指数的变动决定于物价的变动，尤其是生活消费品物价的变动。

3）人工单价的组成内容。例如，住房消费、养老保险费、医疗保险费、失业保险费等列入人工单价，会使人工单价较之前有所提高。

4）劳动力市场供需变化。当劳动力市场需求大于供给时，人工单价就会提高；当劳动力市场供给大于需求时，市场竞争激烈，人工单价就会下降。

5）政府的社会保障和福利政策。

（3）人工单价的确定

人工单价由基本工资、工资性补贴、生产工人辅助工资、职工福利费、生产工人劳动保护费五部分构成。人工单价的计算表达式为

$$人工单价 = \frac{建筑装饰装修工程人工费}{工日数} = \sum_1^5 G_i (i = 1, 2, 3, 4, 5)$$

1）基本工资 (G_1) 计算。

计算公式：

$$基本工资(G_1) = 一级工人基本工资 \times 工资等级系数$$

或

$$基本工资(G_1) = \frac{生产工日平均月工资}{月平均法定工作日}$$

$$月平均法定工作日 = \frac{365 - 52 \times 2 - 10}{12个月} \approx 20.92(天)$$

其中，工资等级按国家有关规定或企业有关规定，劳动者的技术水平、熟练程度和工作责任等因素不同，采取不同的工资级别，用工资等级系数表示。一般来说，工资等级越高，工资就越高。

2）工资性补贴 (G_2) 计算。

$$工资性补贴(G_2) = 平均到每个工作日的工资性补贴发放标准$$

或

$$工资性补贴(G_2) = \frac{\sum 年发放标准}{年法定工作日} + \frac{\sum 月发放标准}{月平均法定工作日} + 每工作日发放标准$$

3）生产工人辅助工资 (G_3) 计算。

$$生产工人辅助工资(G_3) = 有效工作日以外的非生产工日工资$$

或

$$生产工人辅助工资(G_3)=\frac{年非生产工日数×(G_1+G_2)}{年平均法定工作日}$$

4）职工福利费(G_4)计算。

$$职工福利费(G_4)=(G_1+G_2+G_3)×福利费计提比例(\%)$$

5）生产工人劳动保护费(G_5)计算。

$$生产工人劳动保护费(G_5)=\frac{年平均支出劳动保护费}{年平均法定工作日}$$

【例 2-3】已知某砌砖工作组，平均基本工资标准为 420 元/月，平均工资性补贴为 280 元/月，平均劳动保护费为 60 元/月。问：该砌砖小组平均日工资单价为多少？

【解】

砌砖小组平均日工资单价=(420+280+60)/20.92≈36.33(元/工日)

2. 材料单价的确定

材料单价亦称单位材料预算价格，是指建筑装饰装修材料由其来源地（或交货地点）运至工地仓库（或施工现场材料存放点）后的出库价格。它包括材料原价和在采购、运输及保管的全过程所发生的费用。

（1）材料单价的组成

一般材料单价由以下费用所构成。

1）材料原价（或供应价格）。材料原价即材料的进价，是指材料的出厂价、交货地价格、市场批发价及进口材料货价，亦即材料生产厂家的出厂价、商业部门的销售价、物资仓库的出库价、市场批发价及进口材料的抵岸价等。其中包含供销部门手续费和包装费。

2）材料运杂费。即材料自来源地（或交货地）运至工地仓库（或存放地点）所发生的全部费用。

3）场外运输损耗费。即材料在装卸、运输过程中发生的不可避免的合理损耗。

4）采购保管费。即材料部门在组成采购、供应和保管材料过程中所发生的各种费用。它包括采购费、仓储费、工地保管费和仓储损耗费。

5）检验试验费。检验试验费是指对建筑材料、构件和建筑安装物进行一般鉴定、检查所发生的费用。它包括自设试验室进行试验所耗用的材料和化学药品等费用，但不包括新结构、新材料的试验费和建设单位对具有出厂合格证明的材料进行检验、对构件做破坏性试验及其他特殊要求检验试验的费用。

（2）材料单价的确定

材料单价由材料原价、材料运杂费、场外运输损耗费、采购保管费、检验试验费五部分构成。材料单价的计算公式如下。

材料单价=(材料原价+材料运杂费+场外运输损耗费)×(1+采购保管费率)+检验试验费

1）材料原价的确定。同一种材料因来源地、生产厂家、交货地点或供应单位不同有不同的原价，因此要采用加权平均的方法计算其平均原价。

【例 2-4】某工程的标准砖有三个来源：甲地供应量为 25%，原价为 200.00 元/千块；乙地供应量为 35%，原价为 168.00 元/千块；丙地供应量为 40%，原价为 178.00 元/千块。求该工程标准砖的平均原价。

【解】

该工程标准砖的平均原价=200.00×25%+168.00×35%+178.00×40%=180.00(元/千块)

2）材料运杂费。材料运杂费包括车、船等交通工具的运输费；调车费；驳船费；装卸费；运输保险费；检尺费；过磅费；专用线折旧费；公路使用费；过桥、过隧道费等。

在编制材料预算价格时，材料来源地的确定必须遵循就地就近取材，即最大限度地缩短运距的原则。材料运杂费的计算，应根据材料的来源地、运输里程、运输方式，并按国家或地方规定的运价标准采用加权平均的方法计算。

$$材料运杂费=\frac{Q_1T_1+Q_2T_2+Q_3T_3+\cdots+Q_nT_n}{Q_1+Q_2+Q_3+\cdots+Q_n}$$

式中：$Q_1,Q_2,Q_3,\cdots,Q_n$——不同运距的供应量；

$T_1,T_2,T_3,\cdots,T_n$——不同运距的运杂费。

【例 2-5】 某材料有三个货源地，各地的运距、运杂费单价如表 2-2-1 所示，试计算该材料的平均运杂费。

表 2-2-1　某材料货源地、运杂费单价、运距

货源地	供应量/t	运距/km	运输方式	运杂费单价/［元/（t·km）］
A	800	86	汽车	0.35
B	400	55	汽车	0.35
C	500	83	火车	0.30

【解】

根据材料运杂费计算公式，不同运距每吨材料的运杂费分别如下。

A 地：86×0.35= 30.1(元/t)。

B 地：55×0.35= 19.25(元/t)。

C 地：83×0.30= 24.9(元/t)。

$$该材料的平均运杂费=\frac{800×30.1+400×19.25+500×24.9}{800+400+500}≈26.02(元/t)$$

3）场外运输损耗费。材料的场外运输损耗费是指某些散装、堆装（如砖、瓦、灰、砂、石等材料）和易损易碎的材料（如平板玻璃、灯具、瓷砖、卫生陶瓷等），在运输过程中不可避免地发生损坏或洒漏，在材料价格内应计入的合理损耗。其标准由各省（自治区、直辖市）建设行政主管部门制定，以损耗费率为表现形式。某省《建筑安装材料预算价格管理办法》中规定的材料场外运输损耗费率如表 2-2-2 所示。

表 2-2-2　材料场外运输损耗费率　　　　　　　　　　　　　　　单位：%

材料名称	损耗率	材料名称	损耗率
青砖、红砖、空心砖、缸瓦管、炉渣、焦渣	2	水泥平瓦、脊瓦、琉璃瓦、卫生陶瓷、电瓷	1.5
砖坯、土坯、灯具	3	小青瓦、筒瓦、硅藻土瓦、蛭石瓦、珍珠岩瓦	2.5
耐火砖、白石子、色石子	0.6	石棉水泥瓦、脊瓦	0.8
沥青、碎石、卵石、毛石、煤炭	1	袋装生石灰粉、耐火土、坩子土、菱苦土	1.5
水泥砖、混凝土管、麻刀、硅藻土	0.5	平板玻璃	2
袋装水泥、散装水泥、生石灰、砂	2	沥青矿棉毡	0.2
黏土平瓦、脊瓦	2.2	瓷砖、马赛克、矿渣棉	0.3

材料场外运输损耗费计算公式如下。

材料场外运输损耗费=(材料原价+材料运杂费)×材料场外运输损耗费率

4）材料采购保管费。由于材料的种类、规格繁多，采购保管费不可能按每种材料采购过程中所发生的实际费用计取，只能规定几种费率。目前，国家相关部门规定的综合采购保管费率为2.5%（其中采购费率为1%，保管费率为1.5%）；由建设单位采购的，施工单位只收保管费或建设单位取采购保管费的20%、施工单位取采购保管费的80%；清单计价投标时，企业可根据实际情况，自主确定费率。其计算公式如下。

材料采购保管费=(材料原价+材料运杂费+材料场外运输损耗费)×采购保管费率

5）材料检验试验费。材料检验试验费发生时按实际发生额计取。

【例2-6】表2-2-3是某工程强度等级为42.5级袋装水泥的货源地价格表，据此计算强度等级为42.5级袋装水泥的预算价格。运输损耗率为2%，采购保管费率为2.5%，材料检验试验费为1.0元/t。

表2-2-3 某工程强度等级为42.5级袋装水泥的货源地价格表

货源地	供应量/t	原价/（元/t）	汽车运距/km	运输单价/[元/（t·km）]	装卸费/（元/t）
甲	8000	248.00	28	0.60	6.00
乙	10000	252.00	30	0.60	5.50
丙	5000	253.00	32	0.60	5.00

【解】

① 水泥加权平均原价。

$$水泥加权平均原价=\frac{248.00×8000+252.00×10000+253.00×5000}{5000+8000+10000}≈250.83(元/t)$$

② 加权平均运杂费。

$$加权平均运杂费=\frac{(0.6×28+6)×8000+(0.6×30+5.5)×10000+(0.6×32+5)×5000}{5000+8000+10000}$$

$$≈19.25(元/t)$$

③ 场外运输损耗费。

场外运输损耗费=(250.83+19.25)×2%≈5.4(元/t)

④ 采购保管费。

采购保管费=(250.83+19.25+5.4)×2.5%≈6.89(元/t)

⑤ 材料检验试验费。

材料检验试验费=1.0元/t

因此，强度等级为42.5级袋装水泥的预算价格=①+②+③+④+⑤=250.83+19.25+5.4+6.89+1.0=283.37(元/t)。

（3）材料预算价格的动态管理

材料预算价格的动态管理是在材料预算价格的基础上，根据市场材料价格的变化，通过对主要材料按实补差、对次要材料按系数调整的方法来调整材料预算价格的一种管理方法。

1）主要材料和次要材料。按材料在工程实体中的实物消耗量和占工程造价的价值量，将建设工程材料分为主要材料和次要材料两大类。主要材料是指品种少、消耗量大、占工程造价比例高的建筑材料，如钢材、木材、水泥、玻璃、沥青、地材（砖、瓦、砂、石、灰）、混凝土等工厂制品及各专业定额的专用材料。次要材料是指品种多、单项耗量不大、占工程造价比例小的建筑材料，如钢丝、钢钉、螺钉等材料。

2）主要材料的材料差价调整方法。材料差价是指在合同规定的施工期内，材料的市场价格与材料的预算价格之间的价格差。

主要材料采用单项材料差价调整法，即单项按实调整法。单项按实调整法是指由承、发包双方根据市场价格变化情况，参照材料价格信息，确定材料结算价格后，单项按实调整。调差公式如下。

$$C_1=(P-P_0)\omega$$

式中：C_1——单项调整的材料差价；

　　　P_0——单项材料的定额预算价格；

　　　P——承、发包双方确认的材料结算价格；

　　　ω——单项材料的定额消耗量。

$$\omega=\sum(分项工程单项材料定额消耗量\times分项工程工程量)$$

3）次要材料的材料差价调整办法。次要材料采用综合材料差价系数调整办法，即系数调整法。系数调整法是指由定额管理总站按市场价格、定额分类和不同工程类别测算材料差价系数，一般每半年或一年发布一次，并规定材料差价计算方法。

次要材料的材料差价计算公式如下。

$$C_2=KV_0$$

式中：C_2——系数调整的材料差价；

　　　K——工程材料差价系数；

　　　V_0——定额材料费总价。

$$V_0=\sum(分项工程单项材料费\times分项工程工程量)$$

【例 2-7】计算某地区楼地面贴 $100m^2$ 瓷砖面层（400mm×400mm）的预算材料费。

【解】

查某地区《建筑装饰装修工程预算定额》B1-44 材料预算价格，得到 $100m^2$ 瓷砖楼地面面层的预算材料费如表 2-2-4 所示。

表 2-2-4　$100m^2$ 瓷砖楼地面面层的预算材料费

400mm×400mm 瓷砖楼地面面层定额材料用量		材料预算价格	预算材料费/元
材料	瓷砖	102.00m^2	18.36 元/m^2	102.00×18.36=1872.72
	水泥砂浆 1:4	2.02m^3	185.83 元/m^3	2.02×185.83≈375.38
	素水泥浆	0.202m^3	513.59 元/m^3	0.202×513.59≈103.75
	白水泥	0.011t	500 元/t	0.011×500=5.5
	工程用水	1.61m^3	5.60 元/m^3	1.61×5.60≈9.02
	总价			2366.37

【例 2-8】根据例 2-7 的材料消耗量，按表 2-2-5 调整部分材料的价差。

【解】

$100m^2$ 瓷砖楼地面面层主要材料价差调整如表 2-2-5 所示。

表 2-2-5 材料价差调整

材料名称	数量	定额预算价格	材料市场价格	单价差	复价差/元
瓷砖	$102.00m^2$	18.36 元/m^2	35.0 元/m^2	35-18.36=16.64(元/m^2)	102.00×16.64=1697.28
水泥砂浆	$2.02m^3$	185.83 元/m^3	178.20 元/m^3	178.2-185.83=-7.63(元/m^3)	-7.63×2.02≈-15.41
素水泥浆	$0.202m^3$	513.59 元/m^3	455.10 元/m^3	455.10-513.59=-58.49(元/m^3)	-58.49×0.202≈-11.81
白水泥	0.011t	500 元/t	550 元/t	550-500=50(元/t)	50×0.011=0.55
材料价差合计					1670.61

3. 机械台班单价的确定

机械台班单价是指施工机械在正常运转情况下，工作一个工作台班（8h）所应分摊和所支出的各种费用之和。

机械设备是一种固定资产，从成本核算的角度，其投资一般是通过折旧的方式加以回收的，因此机械台班预算价格一般是在该机械折旧费（及大修费）的基础上加上相应的运行成本等费用。我国现行体制下施工机械台班预算价格由两大类共八项费用组成。

（1）第一类费用（不变费用）

不管机械运转程度如何，都必须按所需要费用分摊到每一台班中去，不因施工地点、条件的不同而发生变化，是比较固定的经常性费用，故称"不变费用"。

1）折旧费。折旧费是指机械设备在规定的寿命期（即使用年限或耐用总台班）内，陆续收回其原值及支付利息而分摊到每一台班的费用。

$$台班折旧费=\frac{机械预算价格×(1-残值率)+贷款利息}{耐用总台班}$$

其中，机械预算价格=机械销售价格×(1+机械购置附加税)+机械运杂费。

【例 2-9】 6t 自卸汽车售价为 155800 元，购置附加税为 10%，运杂费为 6000 元，残值率为 5%，耐用总台班为 2000 台班，贷款利息为 12464 元，试计算台班折旧费。

【解】

$$机械预算价格=155800×(1+10\%)+6000=177380(元)$$

$$台班折旧费=\frac{177380×(1-5\%)+12464}{2000}≈90.49(元/台班)$$

2）台班大修理费。台班大修理费是指机械设备按规定的大修理间隔台班必须进行大修理，以恢复其正常使用功能所需的费用。

$$台班大修理费=\frac{一次大修理费×(大修理周期-1)}{耐用总台班}$$

3）台班经常修理费。台班经常修理费是指机械设备在一个大修理期内的中修和定期的各种保养（包括一级、二级、三级保养）所需的费用。如为保障机械正常运转所需的替换设备，随机使用的工具、附件摊销和维护的费用；机械运转与日常保养所需的润滑油脂、擦拭材料（布及棉纱等）费用和机械停置期间的正常维护保养费用等。其一般用经常修理费系数计算。

$$台班经常修理费=台班大修理费\times经常修理费系数$$

4）安拆费及场外运输费。安拆费是指机械在施工现场进行安装、拆卸所需的人工、材料、机械和试运转费用，以及安装所需的机械辅助设施（如基础、底座、固定锚桩、行走轨道、枕木等）的折旧、搭设、拆除等费用。

场外运输费是指机械整体或分件从停置地点运至施工现场，或由一工地运至另一工地（运距在 25km 以内）的运输、装卸、辅助材料及架线等费用。

$$台班安拆及场外运输费=台班辅助设备摊销费$$
$$+\frac{机械一次安拆费\times年平均安拆次数+一次运输费\times年平均运输次数}{年工作台班数}$$

（2）第二类费用（可变费用）

第二类费用只有机械作业运转时才发生，也称一次性费用或可变费用。

1）燃料动力费。机械设备在运转施工作业中所耗用的固体燃料、液体燃料、电力、水和风力等的费用。

2）人工费。机上司机、司炉及其他操作人员的基本工资和工资性的各种津贴。

3）养路费及车船使用费税。

4）保险费。其包括第三责任保险、车主保险费。

（3）影响机械台班单价变动的主要因素

影响机械台班单价变动的主要因素包括施工机械的价格、机械使用年限、机械的使用效率和管理水平、政府征收税费的规定。

2.3　任务解析：建筑装饰装修工程预算定额的应用

2.3.1　预算定额的内容

预算定额的内容由文字说明、分部分项工程定额项目表、附录三大部分组成。

视频：预算定额 1　视频：预算定额 2

1. 文字说明

预算定额中的文字说明主要包括以下几项。

1）预算定额的总说明。总说明包含预算定额的编制依据、适用范围、编制背景，定额采用的价格情况，定额项目换算原则、使用注意事项，定额编制过程中已经包括及未包括的工作内容等。

2）建筑面积计算规则。建筑面积是分析建筑工程技术经济指标的重要数据，是核算工程造价的基础，是编制计划和统计工作的指导依据，因此必须根据国家有关规定，对建筑面积的计算作出统一规定。

3）分部分项工程定额说明。定额说明包括分部分项工程的定额项目工作内容说明、施工方法说明、换算说明、使用注意事项分部说明。

4）分部分项工程定额项目工程量计算规则。工程量计算规则是定额的重要组成部分，它与定额表格配套使用，才能正确计算分部分项工程的人工、材料、机械台班的消耗量。

2. 分部分项工程定额项目表

1）工作内容：完成表中各分部分项工程必需的工作。

2）单位：包括分部分项工程的工程量单位及人工、材料和机械台班用量单位。

3）定额编号：如"A2-18"表示"建筑工程第二章第18项"。

4）消耗量指标。

5）单价：人工单价、材料单价、机械台班单价。

6）预算价格：定额的基价（采用定额价时的费用），包括人工费、材料费和机械台班费。

定额的预算价格，是预算（消耗量）定额（编制期）的货币表现形式。

① 某计量单位的分部分项工程的定额预算价格=定额人工费+定额材料费+定额机械台班费。

② 某计量单位的分部分项工程的定额人工费=$\sum$(定额人工工日消耗量×日工资单价)。

③ 某计量单位的分部分项工程的定额材料费=$\sum$(定额材料消耗量×材料单价)。

④ 某计量单位的分部分项工程的定额机械台班费=$\sum$(定额机械台班消耗量×机械台班单价)。

注意："三量（人工、材料、机械台班用量）"在一定时期之内是比较稳定的，而与其相对应的"三价"是随市场而变化的。

7）注脚：对某些分项套用定额的注意事项或换算说明。

3. 附录

前两部分未说明为表的示意图，在附录里进行详细表述并提供编制定额的有关依据。

2.3.2 预算定额的应用

在使用预算定额的过程套用定额的预算价格（或定额基价）时，由于施工环境复杂多变、施工方案多种多样，实际施工方案与定额规定的情况不一定一致，因此套用定额的方法要随着施工方案的不同而不同。

1. 直接套用

（1）条件

当工程项目内容（即设计要求）与定额项目的内容完全一致时，可以直接套用预算定额的预算基价及人工、材料、机械台班消耗量。

（2）步骤

1）查定额编号。

2）判断工作内容是否一致。

3）计算分部分项工程的人工、材料、机械台班的消耗量和人工费、材料费和机械使用费。

① 分部分项工程(人工、材料、机械台班)消耗量=工程量×定额相应的(人工、材料、机械台班)消耗量；

② 分部分项工程人工费=$\sum$(实际分部分项工程人工消耗量×定额相应的人工单价)；

③ 分部分项工程材料费=$\sum$(实际分部分项工程材料消耗量×定额相应的材料单价)；

④ 分部分项工程机械使用费=$\sum$(实际分部分项工程机械台班消耗量×定额相应的台班单价)；

⑤ 分部分项工程费=分部分项工程人工费+分部分项工程材料费+分部分项工程机械使用费=预算价格×工程量。

【例 2-10】某工程采用混合砂浆 M5 砌筑砖基础 200m³，试计算完成该分项工程的直接工程费和人工、材料、机械台班消耗量。

【解】

1）定额编号：A4-1。

$$工程量 = \frac{200}{10} = 20\,(10m^3)$$

2）根据定额，A4-1=3774.92×20=75498.4(元)。

3）分部分项工程各项消耗量计算。

① 人工费：综合工日=10.73×20=214.6(工日)。

② 材料消耗量：烧结煤矸石普通砖的尺寸为 240mm×115mm×53mm，所需数量=5185.50×20=103710(块)。

混合砂浆 M5=2.42×20=48.4(m³)。

工程用水=1.52×20=30.4(m³)。

③ 机械使用费：灰浆搅拌机 200L=0.35×20=7(台班)。

【例 2-11】某大厅地面面积为 402m²，施工图纸设计要求用 1∶4 水泥砂浆铺贴大理石板，计算该分项的工程费。

【解】

1）定额编号：B1-13，分项工程量=402÷100=4.02(100m²)。

2）人工费：3729.60×4.02≈14992.99(元)。

材料费：12094.63×4.02≈48620.41(元)。

机械费：0。

分项工程费=定额预算价格×分项工程量=15824.23×4.02≈63613.40(元)。

2. 换算套用

（1）条件

工程项目内容（即设计要求）与定额项目的工程内容、材料规格、施工方法等条件不完全相符时，需要对定额项目进行相应换算，再套用换算后的预算价格。

（2）原理

换算后的预算价格=定额的预算价格-应换出部分费用+应换入部分费用

（3）调整方法

1）系数调整法。

相关系数请查阅《山西省建设工程计价依据》（2018）各专业定额中每章说明和注脚。

换算后的消耗量=定额基本项目的消耗量指标×规定系数×工程量

换算后的预算价格=定额预算价格+(规定系数-1)×需换算定额项目的费用

=定额预算价格+(规定系数-1)×需换算定额项目的消耗量×相应单价

【例 2-12】某阶梯教室为水泥砂浆粘贴花岗石踢脚线,其工程量为 20m²,试套用定额并计算出该分项工程费。

【解】

① 定额编号:B1-58。

② 判断:依据《山西省装饰工程预算定额》(2018)。

③ 分项工程费=[定额预算价格+(规定系数-1)×需换算定额项目的费用]×$\frac{20}{100}$

$$=[5801.92+(1.5-1)\times5966.80+(1.6-1)\times102.00\times89.90]\times\frac{20}{100}$$

$$=(5801.92+2983.4+5501.88)\times0.2$$

$$=14287.2\times0.2=2857.44(元)$$

注意:首先,要区分定额系数和工程量系数。某个系数是定额系数还是工程量系数,要看定额的具体规定。

其次,要区分系数应乘在何处。系数是乘以工料机合计还是乘以人工费、材料费或机械使用费。

2)砂浆配合比的换算。

当砂浆设计厚度与定额相同,而砂浆种类、配合比、材料型号和规格与定额不相同时,需要进行换算。换算关键为换价不换量,即换算材料的单价,而消耗量保持不变。查《山西省建设工程计价依据 混凝土及砂浆配合比 施工机械、仪器仪表台班费用定额》(2018)。设计价=设计砂浆配合比单价×定额消耗量($Z=XY$,其中,$X=aA+bB+cC$,Y 不变)。

换算后的预算价格=定额预算价格+(换入砂浆的单价-换出砂浆的单价)×定额砂浆消耗量

【例 2-13】某大厅地面面积为 561m²,施工图纸设计要求用 1:4 水泥砂浆铺贴大理石板,试套用定额并计算出该分项工程费。

【解】

① 定额编号:B1-13。

② 判断:设计砂浆与定额中砂浆配合比不同,需要进行换算。

③ 根据定额 B1-13 确定分项工程的费用。

$$工程量=561\div100=5.61(100m^2)$$

$$人工费=3729.60\times5.61\approx20923.06(元)$$

$$材料费=[12094.63+(210.87-210.17)\times3.03]\times5.61\approx67862.77(元)$$

$$分项工程费=人工费+材料费+机械使用费$$

$$=20923.06+67862.77+0=88785.83(元)$$

3)砂浆厚度的换算。

砂浆厚度的换算是指施工图设计的砂浆配合比与定额相同,但厚度不相同时的换算。

在楼地面工程中,厚度不同时,根据《山西省建设工程计价依据 建筑工程预算定额》(2018)第四章砌筑工程垫层、找平层工程中每层增减 5mm 子目进行调整。在墙柱面工程中,厚度不同时,根据《山西省建设工程计价依据 装饰工程预算定额》(2018)第二章墙柱面工程中每增减 1mm 砂浆厚度调整子目进行调整。

【例 2-14】某车间地面设计要求为 1∶2 水泥砂浆整体面层 30mm 厚，试套用定额并换算定额的预算价格。

【解】

① 定额编号：B1-1。

② 判断：设计砂浆面层厚度与定额厚度不同，需要进行换算。

③ 根据定额 B1-1 确定的定额消耗量及定额 A4-102 水泥砂浆每增减 5mm 的定额消耗量，计算该分项工程的费用。

$$B1\text{-}1+2A4\text{-}102_{换}=2385.70+2\times[265.81+(250.84-225.16)\times0.51]\approx2943.51(元)$$

4）砂浆、混凝土种类换算。

设计要求的砂浆、混凝土种类与定额取定的不同时，按定额规定换算。进行砂浆、混凝土种类的换算时应注意不同种类的砂浆和混凝土，其损耗率不同。砂浆种类不同时，应注意不同砂浆的损耗率及偏差系数（表 2-3-1）是否有差别。当损耗率与偏差系数无差别时，只换算砂浆种类，砂浆消耗量保持不变；当损耗率与偏差系数有差别时，既要换算砂浆种类，又要调整砂浆的消耗量。

表 2-3-1　不同砂浆的损耗率及偏差系数　　　　单位：%

砂浆名称	石灰砂浆	混合砂浆	水泥砂浆	麻刀（纸筋）灰浆	素水泥浆	水泥石子浆	TG砂浆	石英砂浆	珍珠砂浆
损耗率	1	2	2	1	1	2	2	2	2
偏差系数	9	9	9	5	—	9	9	9	9

模块 2

建筑装饰装修工程计量与计价
实践应用

项目 3

楼地面工程计量与计价

项目引入 通过对本项目的整体认识，形成楼地面工程计量与计价的知识及技能体系。

▍**学习目标**　1. 掌握楼地面工程的工程量计算过程。

2. 掌握楼地面工程清单项目的计价过程。

3. 理解楼地面工程中相应项目的工程量计算规则。

▍**能力要求**　1. 能进行整体楼地面的计量与计价。

2. 能进行块料面层的计量与计价。

3. 能进行橡塑面层的计量与计价。

4. 能进行楼地面其他部位的计量与计价。

▍**思政目标**　1. 树立规范意识、标准意识、质量意识，严格执行国家标准和行业规范。

2. 培养一丝不苟的工作态度和善于分析问题、解决问题的能力。

项目解析 在项目引入的基础上，专业指导教师针对学生的实际学习能力，对楼地面工程中相关项目的计量与计价等进行解析，并结合工程实例、企业实际的工程项目任务，让学生获得相应的计量与计价知识。

3.1 项目概述：楼地面工程计量与计价概述

1. 楼地面工程的概念

楼地面工程是指建筑物底层地面（地面）和楼地面（楼面）的总称，其中包含室外散水、明沟、踏步、台阶和坡道等附属工程。

视频：工程清单
计价程序

2. 楼地面的构造、作用

地面由基层和面层两部分组成，其构造如图 3-1-1（a）所示。基层是指面层下的构造层，包括基土、垫层或为了找坡、隔声、保温、防水或敷设管线等功能需要而设置的找平层、隔离层、填充层等。

楼面由楼板结构层和面层组成，其构造如图 3-1-1（b）所示。同地面一样，可根据功能需要设置其他层，如找平层、隔离层、填充层等。

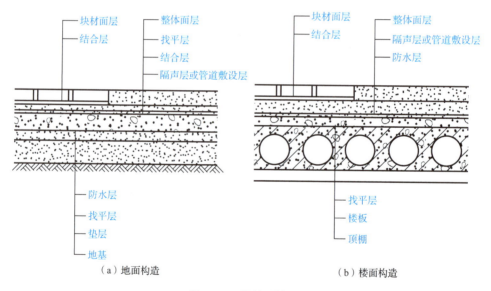

（a）地面构造　　　　　　（b）楼面构造

图 3-1-1　楼地面构造

楼地面主要分为结构层（基层）、中间层和面层。

（1）结构层（基层）

结构层（基层）承受并传递荷载。楼层为楼板，底层为混凝土垫层（刚性或非刚性）。

（2）中间层

中间层有功能层（防潮、防水、管线敷设等）、找平层、结合层等。

（3）面层

面层具有舒适、美观、装饰等作用，同时承受各种化学、物理作用。

3. 楼地面工程的清单项目划分

楼地面构造组成如图 3-1-2 所示。

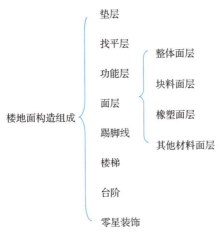

图 3-1-2　楼地面构造组成

3.2 任务解析：整体面层计量与计价

3.2.1　整体面层的计量

整体面层的计算规则如表 3-2-1 所示。

微课：整体面层及
找平层计量

微课：踢脚线计量

微课：扶手、栏杆、
栏板计量

表 3-2-1　整体面层的计算规则

项目名称	单位	清单工程量计算规则	2018 山西省定额工程量计算规则
整体面层	m²	整体面层（水泥砂浆楼地面、细石混凝土楼地面、自流平楼地面、耐磨梭地面、塑胶地面）按设计图示尺寸以面积计算。扣除凸出地面构筑物、设备基础、室内管道、地沟等所占面积，不扣除间壁墙及不大于 0.3m² 的柱、垛、附墙烟囱及孔洞所占面积。门洞、空圈、暖气包槽、壁龛的开口部分不增加面积	整体面层楼地面按设计图示尺寸面积以"m²"计算。扣除凸出地面的构筑物、设备基础、室内管道、地沟等所占面积（不需做面层的地沟盖板所占的面积亦应扣除），不扣除单个面积在 0.3m² 以内的柱、垛、附墙烟囱及孔洞所占面积。门洞、空圈、暖气包槽、壁龛的开口部分并入相应的工程量中

【例 3-1】计算如图 3-2-1 所示的水泥砂浆楼面的清单工程量及所包含的定额项目工程量，并编制其工程量清单（该楼面的构造做法见表 3-2-2）。

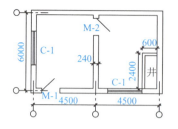

门窗表

M-1	1200mm×2000mm
M-2	1000mm×2000mm
C-1	1500mm×1500mm

图 3-2-1　水泥砂浆楼面平面图

表 3-2-2　水泥砂浆楼面构造做法

分层构造	楼面构造做法
面层	1∶2.5 水泥砂浆 20mm 厚
结合层	素水泥浆一道
结构层	现浇钢筋混凝土楼板

【分析】本例中楼面的做法为在现浇钢筋混凝土楼板上抹水泥砂浆面层，故清单项与定额项相同，均为水泥砂浆楼面，但由于清单工程量计算规则与定额工程量计算规则不同，因此清单工程量与定额工程量需分别计算。在编制工程量清单时，应注意填写工程量清单的"五要件"，即项目编码、项目名称、项目特征描述、计量单位和工程量。

【解】

（1）计算工程量

清单工程量计算如下。

水泥砂浆楼面工程量=设计面积

$$=(4.5-0.24)\times(6.0-0.24)\times2-2.4\times0.6$$
$$=49.0752-1.44$$
$$\approx47.64(\text{m}^2)$$

定额工程量计算如下。

水泥砂浆楼面工程量=实抹面积=清单工程量+门洞口部分的工程量

$$=47.64+(1+1.2)\times0.24$$
$$=47.64+0.528$$
$$\approx48.17(\text{m}^2)$$

本章中清单工程量计算规则依据《建设工程工程量清单计价标准》（GB/T 50500—2024），定额工程量计算规则依据《山西省建设工程计价依据》（2018）相关预算定额。

（2）编制该分项工程工程量的清单（表 3-2-3）

表 3-2-3　建筑装饰装修工程分部分项工程工程量清单与计价表

序号	项目编码	项目名称	项目特征描述	计量单位	工程量	金额/元		
						综合单价	合价	其中暂估价
1	011101001001	水泥砂浆楼地面	1. 面层为1∶2.5 水泥砂浆，20mm 厚； 2. 结合层为水泥浆一道（内掺建筑胶）； 3. 现浇钢筋混凝土楼板	m²	47.64			

3.2.2　整体面层的计价

计算分部分项工程清单项目费用，应先计算并填写综合单价分析表，再计算该分项工程的费用，并填入分部分项工程量清单与计价表。

1. 综合单价的计算步骤

根据有关规定和《山西省建设工程费用定额》（2018），综合单价包括人工费、材料费、机械使用费、企业管理费、利润和一定范围的风险费用。

1）清单项目综合单价计算公式如下。

$$
\begin{aligned}
清单项目综合单价 =& \sum (清单项目所含工程内容的综合单价\times计价工程量\\
&\div清单项目工程量)\\
=& \sum (清单项目组价内容工程量\div清单项目工程量\\
&\times相应综合单价)
\end{aligned}
\tag{3-1}
$$

式中：清单项目组价内容工程量——根据清单项目提供的项目特征和施工图设计文件，确定计价定额分项工程量。若投标人使用的计价定额不同，这些分项工程的项目和数量可能也是不同的。

相应综合单价——与某一计价定额分项工程相对应的综合单价，它是该分项工程的人工费、材料费、机械使用费和企业管理费、利润及一定范围的风险费用的总和。

清单项目工程量——工程量清单根据《工程量计算规范》附录及山西省各专业工程预算定额中的工程量计算规则、计量单位确定的"综合实体"的数量。

2）设清单项目组价内容工程量为 b，清单项目工程量为 a，相应综合单价为"人工费+材料费+机械使用费+企业管理费+利润"，代入式（3-1），得

$$
\begin{aligned}
清单项目综合单价 =& \sum [(b\div a\times人工费+b\div a\times材料费+b\div a\times机械使用费+b\div a\\
&\times企业管理费+b\div a\times利润)]
\end{aligned}
\tag{3-2}
$$

式中：企业管理费——应分摊到某一计价定额分项工程中的企业管理费，可根据本地区费用定额（山西省 2018 年费用定额或企业费用定额）规定的计算方法确定；

利润——某一分项工程应收取的利润，可根据本地区费用定额（山西省 2018 年费用定额或企业费用定额）规定的利润率和计算方法确定。

3）计算分部分项工程费。

$$
分部分项工程费 = \sum (分部分项清单项目工程工程量\times相应清单项目综合单价)
\tag{3-3}
$$

2. 填写分部分项工程综合单价分析表

建筑装饰装修工程分部分项工程工程量清单综合单价分析表和清单与计价表分别如表 3-2-4 和表 3-2-5 所示。

表 3-2-4　建筑装饰装修工程分部分项工程工程量清单综合单价分析表

项目编码	011101001001	项目名称	水泥砂浆楼地面	计量单位	m²	工程量	47.64

清单综合单价组成明细

定额编号	定额项目名称	定额单位	数量	单价/元				合价/元			
				人工费	材料费	机械使用费	管理费和利润	人工费	材料费	机械使用费	管理费和利润
B1-1	水泥砂浆楼地面	100m²	0.0101	1745.80	599.54	60.36	331.71	17.63	5.85	0.61	3.35
小计								17.63	5.85	0.61	3.35
未计价材料费											
清单项目综合单价								27.44			

注：1．管理费=1745.80×9.12%≈159.22(元)；利润=1745.80×9.88%≈172.49(元)；所以管理费和利润=159.22+172.49=331.71(元)。
　　2．人工单价：140 元/工日。

表 3-2-5　建筑装饰装修工程分部分项工程工程量清单与计价表

序号	项目编码	项目名称	项目特征描述	计量单位	工程量	金额/元	
						综合单价	合价
1	011101001001	水泥砂浆楼地面	1．面层为 1∶2.5 水泥砂浆，20mm 厚； 2．结合层为水泥浆一道（内掺建筑胶）； 3．现浇钢筋混凝土楼板	m²	47.64	16.23	773.20

3.3 任务解析：块料面层计量与计价

3.3.1　块料面层的计量

块料面层的计算规则如表 3-3-1 所示。

视频：块料面层计量案例 1　　视频：块料面层计量案例 2　　视频：块料面层计量案例 3　　视频：块料面层计量

表 3-3-1 块料面层的计算规则

项目名称	单位	清单工程量计算规则	山西省定额工程量计算规则
块料面层	m²	按设计图示尺寸以面积计算。门洞、空圈、暖气包槽、壁龛的开口部分并入相应的工程量内	按设计图示饰面外围尺寸实铺面积以"m²"计算。不扣除单个面积在 0.3m² 以内的孔洞所占的面积。门洞、空圈、暖气包槽、壁龛的开口部分并入相应的工程量
找平层	m²	按设计图示尺寸面积以"m²"计算。扣除凸出地面的构筑物、设备基础、室内管道、地沟等所占面积(亦应扣除不需要做面层的地沟盖板所占的面积),不扣除单个面积 0.3m² 以内的柱、垛、附墙烟囱及孔洞所占面积。门洞、空圈、暖气包槽、壁龛的开口部分并入相应的工程量	按设计图示尺寸面积以"m²"计算。扣除凸出地面的构筑物、设备基础、室内管道、地沟等所占面积(亦应扣除不需要做面层的地沟盖板所占的面积),不扣除单个面积 0.3m² 以内的柱、垛、附墙烟囱及孔洞所占面积。门洞、空圈、暖气包槽、壁龛的开口部分并入相应的工程量
防水层	m²	按设计图示尺寸以面积计算。 1. 楼(地)面防水:按主墙间净空面积计算,扣除凸出地面的构筑物、设备基础等所占面积,不扣除间壁墙及单个面积不大于 0.3m² 的柱、垛、烟囱和孔洞所占面积; 2. 楼(地)面防水反边高度不高于 300mm 的算作地面防水,反边高度高于 300mm 的按墙面防水计算	建筑物地面防水、防潮层,按主墙间净空面积以"m²"计算,扣除凸出地面的构筑物、设备基础等所占面积,不扣除柱、垛、间壁墙、烟囱及单个面积在 0.3m² 以内孔洞所占面积。与墙面连接处高度在 500mm 以内的按展开面积计算,并入平面工程量;高度在 500mm 以上的,其立面部分工程量全部按立面防水计算

块料面层计量项目、项目特征及计算规则如表 3-3-2 所示。

表 3-3-2 块料面层计量项目、项目特征及计算规则

块料面层计量项目	单位	项目特征	工程量计算规则
清单项目	m²	1. 找平层厚度、砂浆配合比; 2. 结合层厚度、砂浆配合比; 3. 面层材料品种、规格、颜色; 4. 嵌缝材料种类; 5. 防护层材料种类; 6. 酸洗、打蜡要求	按设计图示尺寸以面积计算。门洞、空圈、暖气包槽、壁龛的开口部分并入相应的工程量
定额工程量	m²	找平层	按设计图示尺寸面积以"m²"计算。扣除凸出地面的构筑物、设备基础、室内管道、地沟等所占面积(亦应扣除不需要做面层的地沟盖板所占的面积),不扣除单个面积在 0.3m² 以内的柱、垛、附墙烟囱及孔洞所占面积。门洞、空圈、暖气包槽、壁龛的开口部分并入相应的工程量
	m²	面层(块料面层)	按设计图示饰面外围尺寸实铺面积以"m²"计算。不扣除单个面积在 0.3m² 以内的孔洞所占的面积。门洞、空圈、暖气包槽、壁龛的开口部分并入相应的工程量内

【例 3-2】某工程室内楼平面图如图 3-3-1 所示,该楼面的构造做法如表 3-3-3 所示,试计算该清单工程量及所包含的定额项目工程量,并编制其工程量清单。

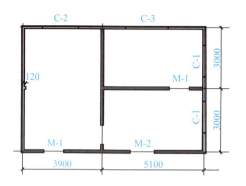

门窗表	
M-1	1000mm×2000mm
M-2	1200mm×2000mm
M-3	900mm×2400mm
C-1	1500mm×1500mm
C-2	1800mm×1500mm
C-3	3000mm×1500mm

图 3-3-1 某工程室内楼平面图

表 3-3-3 块料楼面构造做法

分层构造	楼面构造做法
面层	① 紫红色瓷质耐磨地砖（600mm×600mm）面层，白水泥嵌缝
结合层	② 20mm 厚 1∶4 干硬性水泥砂浆结合层
找平层	③ 30mm 厚 C20 细石混凝土找平层
防水层	④ 聚氨酯两遍涂膜防水层，四周卷起 150mm 高
找平层	⑤ 20mm 厚 1∶3 水泥砂浆找平层
结构层	⑥ 现浇钢筋混凝土楼板

【分析】本例中的楼面为块料面层，该楼面的构造做法中包含面层、结合层、找平层、防水层，故清单项为瓷质耐磨地砖面层，而定额项则包含：①紫红色瓷质耐磨地砖（600mm×600mm）面层，白水泥嵌缝；②20mm 厚 1∶4 干硬性水泥砂浆结合层；③30mm 厚 C20 细石混凝土找平层；④聚氨酯两遍涂膜防水层，四周卷起 150mm 高；⑤20mm 厚 1∶3 水泥砂浆找平层。在定额块料面层项目中包含块料面层和结合层两项，所以，定额项目最终需要计量的项有①、③、④、⑤四项。因此需分别计算清单工程量与定额工程量，工程量计算表如表 3-3-4 所示。在编制工程量清单时，应注意填写工程量清单的"五要件"，即项目编码、项目名称、项目特征描述、计量单位和工程量。块料楼面清单项目如表 3-3-5 所示。

表 3-3-4 工程量计算表

项目名称		单位	工程量计算公式	工程量
基数	1 室净面积	m²	(3.9−0.24)×(3.0×2−0.24)	21.082
	2 室/3 室净面积	m²	(5.1−0.24)×(3.0−0.24)	13.414
	室内净面积	m²	$S_1+S_2+S_3$=21.082+13.414×2	47.91
	1 室内墙净长	m	$L_{内1}$=(3.9−0.24+6−0.24)×2	18.84
	2 室/3 室内墙净长	m	$L_{内2}$=$L_{内3}$=(5.1−0.24+3−0.24)×2	15.24
	室内内墙净长	m	$L_{内1}+L_{内2}+L_{内3}$=18.84+15.24×2	49.32
清单项目	瓷质地砖楼面	m²	主墙间的净空面积+门洞开口部分面积=47.91+0.24×(1×2+1.2+0.9)=47.91+0.98	48.89
定额项目	瓷质地砖面层	m²	主墙间的净空面积+门洞开口部分面积	48.89
	混凝土找平层	m²	主墙间的净空面积+门洞开口部分面积	48.89
	涂膜防水层	m²	主墙间的净空面积+四周卷起部分面积=47.91+0.15×[$L_{内1}+L_{内2}+L_{内3}$+0.12×2−(3×1+1×1.2+2×0.9)]=47.91+6.498	54.41
	水泥砂浆找平层	m²	室内净面积+门洞开口部分面积	48.89

表 3-3-5　块料楼面清单项目

分层构造	楼面构造做法	清单项目名称	计量单位
面层	① 紫红色瓷质耐磨地砖（600mm×600mm）面层，白水泥嵌缝	瓷质耐磨地砖楼面	m²
结合层	② 20mm 厚 1：4 干硬性水泥砂浆结合层		
找平层	③ 30mm 厚 C20 细石混凝土找平层		
防水层	④ 聚氨酯两遍涂膜防水层，四周卷起 150mm 高		
找平层	⑤ 20mm 厚 1：3 水泥砂浆找平层		
结构层	⑥ 现浇钢筋混凝土楼板		

【解】

（1）计算工程量

清单工程量的计算如下。

瓷质耐磨地砖地面工程量 = 设计面积 + 门窗洞口面积

$$= [(3.9-0.24)×(3.0×2-0.24)+(3.0-0.24)×(5.1-0.24)×2]+0.98$$

$$= 47.9098+0.98$$

$$≈ 48.89(m^2)$$

定额工程量的计算如下。

瓷质耐磨地砖地面工程量 = 实铺面积 = 清单工程量 = 48.89(m²)

细石混凝土找平层工程量 = 主墙间的净空面积 + 门洞口部分的面积 = 48.89(m²)

聚氨酯两遍涂膜防水层工程量 = 主墙间的净空面积 + 四周卷起部分面积

$$= 47.91+0.15×[(3.9-0.24+6-0.24)$$

$$×2+(5.1-0.24+3-0.24)×4-(1×3+1.2×1+0.9×2)]$$

$$= 47.91+6.498$$

$$≈ 54.41(m^2)$$

水泥砂浆找平层工程量 = 主墙间的净空面积 + 门洞口部分的面积 = 48.89(m²)

（2）编制该分项工程的工程量清单（表 3-3-6）

表 3-3-6　某建筑装饰装修工程分部分项工程工程量清单与计价表

序号	项目编码	项目名称	项目特征描述	计量单位	工程量	金额/元	
						综合单价	合价
1	011102003001	瓷质耐磨地砖楼面	1. 紫红色瓷质耐磨地砖（600mm×600mm）面层，白水泥嵌缝； 2. 20mm 厚 1：4 干硬性水泥砂浆结合层； 3. 30mm 厚 C20 细石混凝土找平层； 4. 聚氨酯两遍涂膜防水层，四周卷起 150mm 高； 5. 20mm 厚 1：3 水泥砂浆找平层 6. 现浇钢筋混凝土楼板	m²	48.89		

3.3.2 块料面层楼地面的计价

根据分项工程的计价规则，现以例 3-2 为例并利用其相关计算结果，介绍块料面层楼地面的计价步骤。

视频：块料面层计价

1. 综合单价的计算步骤

（1）清单项目综合单价计算

1）数量=清单项目组价内容工程量÷清单项目工程量。

① 瓷质耐磨地砖地面数量=48.89÷48.89÷100=1÷100=0.01。

② 细石混凝土找平层数量=48.89÷48.89÷100=1÷100=0.01。

③ 聚氨酯两遍涂膜防水层数量=54.41÷48.89÷100=1.11÷100=0.0111。

④ 水泥砂浆找平层数量=48.89÷48.89÷100=1÷100=0.01。

2）根据式（3-2），

清单项目综合单价=$\sum$[($b \div a \times$人工费+$b \div a \times$材料费+$b \div a \times$机械使用费+$b \div a \times$企业管理费+$b \div a \times$利润)]

本项目中，各项人工费、材料费等如表 3-3-7 所示，其中，

装饰工程企业管理费率+利润率=9.12%+9.88%=19%

建筑工程企业管理费率+利润率=8.48%+7.04%=15.52%

（2）分部分项工程费计算

分部分项工程费=$\sum$(分部分项清单项目工程工程量×相应清单项目综合单价)

=47.91×102.37≈4904.55(元)

2. 填写分部分项工程综合单价分析表

填写建筑装饰装修工程分部分项工程工程量清单综合单价分析表（表 3-3-7）和分部分项工程工程量清单与计价表（表 3-3-8）。

表 3-3-7　建筑装饰装修工程分部分项工程工程量清单综合单价分析表

项目编码	011102003001	项目名称		瓷质耐磨地砖楼面		计量单位	m²		工程量		48.89
清单综合单价组成明细											
定额编号	定额项目名称	定额单位	数量	单价/元				合价/元			
				人工费	材料费	机械使用费	管理费和利润	人工费	材料费	机械使用费	管理费和利润
B1-18	瓷质耐磨地砖楼面	100m²	0.01	3876.60	7953.08	0	736.55	38.77	79.53	0	7.37
A4-103	细石混凝土找平层	100m²	0.01	557.50	791.28	0	209.33	5.58	7.91	0	2.09
A8-66	聚氨酯两遍涂膜防水层	100m²	0.0111	341.25	4816.37	0	800.46	3.79	53.46	0	57.25
A4-101	水泥砂浆找平层	100m²	0.01	866.25	499.87	51.48	220.01	8.66	5.00	0.51	2.20
小计								56.8	145.9	0.51	68.91
未计价材料费											
清单项目综合单价								272.12			

注：人工单价为 140 元/工日。

表 3-3-8　建筑装饰装修工程分部分项工程工程量清单与计价表

序号	项目编码	项目名称	项目特征描述	计量单位	工程量	综合单价	合价
						金额/元	
1	011102003001	瓷质耐磨地砖楼面	1．紫红色瓷质耐磨地砖（600mm×600mm）面层，白水泥嵌缝； 2．20mm 厚 1：4 干硬性水泥砂浆结合层； 3．30mm 厚 C20 细石混凝土找平层； 4．聚氨酯两遍涂膜防水层，四周卷起 150mm 高； 5．20mm 厚 1：3 水泥砂浆找平层 6．现浇钢筋混凝土楼板	m²	48.89	272.12	13303.95

3.4　任务解析：橡塑面层计量与计价

3.4.1　橡塑面层的计量

1. 清单计量规则

橡塑面层（橡胶板楼地面、橡胶卷材楼地面、塑胶运动地板）按设计图示尺寸以面积计算。门洞、空圈、暖气包槽、壁龛的开口部分并入相应的工程量。

2. 定额计量规则

橡塑面层楼地面按设计图示饰面外围尺寸以实铺面积计算。不扣除单个面积在 0.3m² 以内的孔洞所占的面积。门洞、空圈、暖气包槽、壁龛的开口部分并入相应的工程量。

【例 3-3】某工程室内楼面设计如图 3-3-1 所示，该楼面的构造做法如表 3-4-1 所示，试计算该清单工程量及所包含的定额项目工程量，并编制其工程量清单。

表 3-4-1　塑胶地板楼面构造做法

分层构造	楼面构造做法
面层	胶黏剂粘贴 1.5mm 厚塑胶卷材地板
找平层	20mm 厚 1：3 水泥砂浆找平层抹光
结构层	现浇钢筋混凝土楼板

【分析】本例中的楼面为塑胶地板，该楼面的构造做法中包含面层、找平层，故清单项为橡塑面层（表 3-4-2），而定额项则包含：①胶黏剂粘贴 1.5mm 厚塑胶卷材地板面层；②20mm

厚 1：3 水泥砂浆找平层。定额项目最终需要计量的项有两项，因此须分别计算清单工程量与定额工程量。在编制工程量清单时，应注意填写工程量清单的"五要件"，即项目编码、项目名称、项目特征描述、计量单位和工程量。定额中水泥砂浆找平层为 1：3 的水泥砂浆，设计砂浆为 1：2，因此，找平层项须进行砂浆的换算。

表 3-4-2　某塑胶卷材楼面清单项目

分层构造	楼面构造做法	清单项目名称	计量单位
面层	① 胶黏剂粘贴 1.5mm 厚塑胶卷材地板	塑胶地板楼面	m²
找平层	② 20mm 厚 1：3 水泥砂浆找平层抹光		
结构层	③ 现浇钢筋混凝土楼板		

【解】

（1）计算工程量

1）清单工程量的计算。

塑胶地板楼面工程量=设计面积+门洞口部分的工程量=48.89(m²)

2）定额工程量的计算。

塑胶地板地板地面工程量=实铺面积=48.89(m²)

水泥砂浆找平层工程量=主墙间的净空面积+门洞口部分的工程量=48.89(m²)

（2）编制分项工程清单

编制该分项工程的工程量清单（表 3-4-3）。

表 3-4-3　建筑装饰装修工程分部分项工程工程量清单与计价表

序号	项目编码	项目名称	项目特征描述	计量单位	工程量	金额/元 综合单价	金额/元 合价
1	011103003001	塑胶地板楼面	1. 胶黏剂粘贴 1.5mm 厚塑胶卷材地板； 2. 20mm 厚 1：3 水泥砂浆找平层抹光； 3. 现浇钢筋混凝土楼板	m²	48.89		

3.4.2　橡塑面层的计价

根据分项工程的计价规则，以例 3-3 为例并利用其相关计算结果，介绍橡塑面层楼地面的计价步骤。

视频：楼地面-橡塑面层 1　　视频：楼地面-橡塑面层 2

1. 综合单价的计算步骤

（1）清单项目综合单价计算

1）数量=清单项目组价内容工程量÷清单项目工程量。

① 塑胶地板面层数量=48.89÷48.89÷100=0.01。

② 水泥砂浆找平层数量=48.89÷48.89÷100=0.01。

2）清单项目综合单价计算。

清单项目综合单价=[2147.60+3997.53+2147.60×(9.12%+9.88%)]×0.01

+[866.25+499.87+51.48+1417.60×(8.48%+7.04%)]×0.01

≈81.91(元)

本项目中，人工费、材料费等如表 3-4-4 所示。

表 3-4-4　建筑装饰装修工程分部分项工程工程量清单综合单价分析表

项目编码	011103003001		项目名称	塑胶地板楼面		计量单位		m^2		工程量		48.89
清单综合单价组成明细												
定额编号	定额项目名称	定额单位	数量	单价/元				合价/元				
				人工费	材料费	机械使用费	管理费和利润	人工费	材料费	机械使用费	管理费和利润	
B1-32	塑胶卷材楼面	100m²	0.01	2147.60	3997.53	0	408.04	21.48	39.98	0	4.08	
A4-101	水泥砂浆找平层	100m²	0.01	866.25	499.87	51.48	220.01	8.66	5.00	0.51	2.20	
小计								30.14	44.98	0.51	6.28	
未计价材料费												
清单项目综合单价								81.91				

注：人工单价为 140 元/工日。

（2）分部分项工程费计算。

$$分部分项工程费=\sum(分部分项清单项目工程量×相应清单项目综合单价)$$
$$=48.89×81.91≈4004.58(元)$$

2. 填写分部分项工程综合单价分析表

填写建筑装饰装修工程分部分项工程工程量清单综合单价分析表（表 3-4-4）和分部分项工程工程量清单与计价表（表 3-4-5）。

表 3-4-5　建筑装饰装修工程分部分项工程工程量清单与计价表

序号	项目编码	项目名称	项目特征描述	计量单位	工程量	金额/元	
						综合单价	合价
1	011103003001	塑胶地板楼面	1. 胶黏剂粘贴 1.5mm 厚塑胶卷材地板； 2. 20mm 厚 1：3 水泥砂浆找平层抹光； 3. 现浇钢筋混凝土楼板	m^2	48.89	81.91	4004.58

3.5 任务解析：其他材料面层计量与计价

3.5.1　其他材料面层的计量

1. 清单计量规则

视频：其他材料面层计量

其他材料面层（地毯楼地面、竹木复合地板、金属复合地板、防静电活动地板）按设计图示尺寸以面积计算。门洞、空圈、暖气包槽、壁龛的开口部分并入相应的工程量。

2. 定额计量规则

其他材料面层按设计图示饰面外围尺寸以实铺面积计算。不扣除单个面积在 $0.3m^2$ 以内的孔洞所占的面积。门洞、空圈、暖气包槽、壁龛的开口部分并入相应的工程量。

【例 3-4】某工程室内楼面如图 3-3-1 所示，墙厚 240mm，若在室内水泥楼地面上直接铺设复合木地板，试计算该清单工程量及所包含的定额项目工程量，并编制其工程量清单。

【分析】本例中楼地面为复合木地板，该楼面的构造做法中包含面层、找平层，故清单项为复合木地板面层，而定额项则包含：①8mm 厚复合木地板面层；②30mm 厚 1:2.5 水泥砂浆找平层。定额项目最终需要计量的项有两项。因此须分别计算清单工程量与定额工程量。在编制工程量清单时，则应注意填写工程量清单的"五要件"，即项目编码、项目名称、项目特征描述、计量单位和工程量。定额中水泥砂浆找平层为 20mm 厚 1:3 的水泥砂浆，设计砂浆为 30mm 厚 1:2.5 水泥砂浆，因此，找平层项须进行砂浆配合比及砂浆厚度的换算。

【解】

（1）计算工程量

$$清单工程量=定额工程量=地面工程量+门洞口部分的工程量$$
$$=47.91+0.98$$
$$=48.89(m^2)$$

（2）编制该分项的工程量清单（表 3-5-1）

表 3-5-1 建筑装饰装修工程分部分项工程工程量清单与计价表

序号	项目编码	项目名称	项目特征描述	计量单位	工程量	金额/元	
						综合单价	合价
1	011104002001	复合木地板	1. 8mm 厚复合木地板； 2. 2mm 厚聚乙烯泡沫塑料垫； 3. 建筑胶水泥腻子刮平； 4. 30mm 厚 1:2.5 水泥砂浆，掺入水泥用量 3%的硅质密实剂； 5. 现浇钢筋混凝土楼板	m^2	48.89		

3.5.2 其他材料面层的计价

根据分项工程的计价规则，现以例 3-4 为例并利用其相关计算结果，介绍其他材料面层楼地面的计价步骤。

1. 综合单价的计算步骤

（1）清单项目综合单价计算

1）数量=清单项目组价内容工程量÷清单项目工程量= $b÷a$。

① 复合木地板面层数量=48.89÷48.89÷100=0.01。

② 水泥砂浆找平层数量=48.89÷48.89÷100=0.01。

2）清单项目综合单价。

A4-101 换(1：3 水泥砂浆换为 1：2.5 水泥砂浆)

=1417.60+(243.19−225.16)×2.02

≈1454.02[元/(100m²)]

本项目中，人工费=866.25[元/(100m²)]；材料费=499.87+(243.19−225.16)×2.02≈536.29[元/(100m²)]；机械使用费=51.48[元/(100m²)]。

A4-102 换(1：3 水泥砂浆换为 1：2.5 水泥砂浆)

=265.81+(243.19−225.16)×0.51

≈275.01[元/(100m²)]

本项目中，人工费=135.00[元/(100m²)]；材料费=114.83+(243.19−225.16)×0.51≈124.03[元/(100m²)]；机械使用费=15.98(元/100m²)。

清单项目综合单价=$\sum$[($b÷a$×人工费+$b÷a$×材料费+$b÷a$×机械使用费+$b÷a$

×企业管理费+$b÷a$×利润)]

=127.68(元/m²)

（2）分部分项工程费计算

分部分项工程费=$\sum$(分部分项清单项目工程量×相应清单项目综合单价)

=48.89×127.68

≈6242.28(元)

2. 填写分部分项工程综合单价分析表

填写建筑装饰装修工程分部分项工程工程量清单综合单价分析表（表 3-5-2）和分部分项工程工程量清单与计价表（表 3-5-3）。

表 3-5-2 建筑装饰装修工程分部分项工程工程量清单综合单价分析表

项目编码	011104002001	项目名称	复合木地板楼面	计量单位	m²	工程量	48.89
清单综合单价组成明细							
定额编号	定额项目名称	定额单位	数量	单价/元				合价/元			
				人工费	材料费	机械使用费	管理费和利润	人工费	材料费	机械使用费	管理费和利润
B1-44	复合木地板	100m²	0.01	2247.00	8220.92	0	426.93	22.47	82.21	0	4.27
A4-101	水泥砂浆找平层	100m²	0.01	866.25	536.29	51.48	225.66	8.66	5.36	0.51	2.26
A4-102	水泥砂浆每增减 5mm	100m²	0.01	135.00	124.03	15.98	42.68	1.35	1.24	0.16	0.43
小计								32.48	87.57	0.67	6.96
未计价材料费											
清单项目综合单价								127.68			

注：人工单价为 140 元/工日。

表 3-5-3　装饰工程分部分项工程工程量清单与计价表

序号	项目编码	项目名称	项目特征描述	计量单位	工程量	综合单价	合价
						金额/元	
1	011104002001	复合木地板	1. 8mm 厚复合木地板； 2. 2mm 厚聚乙烯泡沫塑料垫； 3. 建筑胶水泥腻子刮平； 4. 30mm 厚 1∶2.5 水泥砂浆，掺入水泥用量 3%的硅质密实剂； 5. 现浇钢筋混凝土楼板	m²	48.89	127.68	6242.28

3.6 任务解析：楼地面其他部位面层计量与计价

3.6.1　楼地面其他部位面层的计量

1. 清单工程量

（1）踢脚线

踢脚线（水泥砂浆踢脚线、石材踢脚线、块料踢脚线、塑料板踢脚线、木质踢脚线、金属踢脚线）以"m"计量，按设计图示尺寸以长度计算。

（2）楼梯面层

楼梯装饰［水泥砂浆楼梯、石材楼梯、块料楼梯、地毯楼梯、木板（复合）楼梯、橡塑板楼梯、橡塑卷材楼梯］按设计图示尺寸以面层展开面积计算。楼梯与楼地面相连时，算至最上一级踏步踏面（该踏面无设计宽度时按 300mm 计算）。

（3）台阶装饰

台阶装饰按设计图示尺寸按设计图示尺寸以面层展开面积计算。台阶与楼地面相连时，算至最上一级踏步踏面（该踏面无设计宽度时，按下一级踏面宽度计算）。

（4）零星装饰项目

零星装饰项目（石材零星项目、拼碎石材零星项目、块料零星项目、水泥砂浆零星项目）按设计图示尺寸以面积计算。

车库标志线标识，标线按设计图示尺寸以面积计算，标识按设计图形以外接矩形面积计算。

广角镜安装按设计图示数量计算，标志牌按设计图示尺寸以面积计算，遮挡按设计图示数量计算，减速带、墙柱面防撞条按设计图示尺寸以长度计算。

2. 定额工程量

（1）踢脚线

1）整体面层踢脚线按设计图示尺寸以实抹长度乘以高度以面积计算。锯齿形踢脚线按设

视频：楼地面台阶计量

计图示尺寸实抹斜长乘以垂直于斜长的高以面积计算，锯齿部分的面积不计算。

2）块料、橡胶塑胶、木（竹）地板及其他材料面层踢脚线按设计图示外围尺寸实铺长度乘以高度以面积计算。锯齿形踢脚线按设计图示饰面外围尺寸实铺斜长乘以垂直于斜长的高以面积计算，锯齿部分的面积不计算。

（2）楼梯面层

1）整体面层楼梯按设计图示饰面外围尺寸以展开面积计算。与楼地面相连时，从第一个踏步至梯口梁内侧边沿；无梯口梁时，算至最上一层踏步边沿加 300mm。

2）块料、橡胶塑胶、木（竹）地板及其他材料面层楼梯按设计图示饰面外围尺寸以展开面积计算。与楼地面相连时，从第一个踏步至梯口梁内侧边沿；无梯口梁时，算至最上一层踏步边沿加 300mm。

（3）台阶装饰

1）整体面层台阶装饰按设计图示尺寸以展开面积计算，包括最上一层踏步边沿加 300mm。

2）块料、橡胶塑胶、木（竹）地板及其他材料面层台阶装饰按图示饰面外围尺寸以展开面积计算，包括最上一层踏步边沿加 300mm。

（4）零星装饰项目

1）整体面层零星项目按设计图示尺寸展开面积以"m²"计算。

2）块料、橡胶塑胶、木（竹）地板及其他材料面层零星项目按图示饰面外围尺寸以展开面积计算。

（5）其他项目

1）扶手、栏杆、栏板按设计图示尺寸以扶手中心线长度计算。

2）水泥砂浆防滑坡道按水平投影面积以"m²"计算。

3）块料、橡胶塑胶、木（竹）地板及其他材料面层楼梯防滑条，设计无规定时按楼梯踏步长度两边共减 300mm 以"延长米"计算；设计有规定时，按设计规定长度计算。

4）石材块料面层酸洗打蜡、刷保护液，工程量计算与相应面层相同。

5）石材刷养护液按底面面积加四个侧面面积，以"m²"计算。

6）地台木龙骨按水平投影面积计算。

【例 3-5】某工程室内楼面如图 3-3-1 所示，贴 150mm 高黑白根大理石踢脚线，该踢脚线的构造做法如表 3-6-1 所示。试计算该清单工程量及所包含的定额项目工程量，并编制其工程量清单。

表 3-6-1　大理石踢脚线构造做法

分层构造	楼面构造做法
面层	350mm×150mm×12mm 黑白根大理石踢脚线，水泥浆擦缝
结合层	5mm 厚 1∶1 水泥砂浆加水，加 20%建筑胶镶贴
底层	15mm 厚 1∶3 水泥砂浆，分两次抹灰

【分析】本例中踢脚线为块料面层，该楼面的构造做法中包含面层、结合层，故清单项为黑白根大理石踢脚线；在定额块料面层项目中包含块料面层和结合层两部分，故定额项目最终需要计量的项有一项。由于清单工程量计算规则与定额工程量计算规则相同，即清单工程量等于定额工程量。在编制工程量清单时，则应注意填写工程量清单的"五要件"，即项目编

码、项目名称、项目特征描述、计量单位和工程量。

【解】

（1）计算工程量

清单工程量=定额工程量=长度×高度

$$=(3.9-0.24+6-0.24)×2-(1+0.9)+(3-0.24+5.1-0.24)×4-(1×2+0.9+1.2)$$

$$=43.32(m)$$

（2）编制该分项的工程量清单（表 3-6-2）

表 3-6-2　建筑装饰装修工程分部分项工程工程量清单与计价表

序号	项目编码	项目名称	项目特征描述	计量单位	工程量	金额/元	
						综合单价	合价
1	011105002001	大理石踢脚线	1.350mm×150mm×12mm 黑白根大理石踢脚线，水泥浆擦缝； 2.5mm 厚 1：1 水泥砂浆加水、加 20%建筑胶镶贴； 3.15mm 厚 1：3 水泥砂浆，分两次抹灰	m	6.5		

【例 3-6】某建筑物内一楼梯平面图如图 3-6-1 所示，同走廊连接，采用直线双跑形式，墙厚 240mm，梯井宽 300mm，楼梯 1：4 干硬性水泥砂浆粘贴花岗石面层，踏步高 150mm、宽 300mm。试计算该清单工程量及所包含的定额项目工程量，并编制其工程量清单。

【解】

（1）计算工程量

清单工程量=定额工程量

　　　　　　=楼梯饰面外围尺寸以展开面积

　　　　　　=13.25+(3.3-0.24-0.3)×10×0.15

　　　　　　=13.25+4.14

　　　　　　=17.39(m)

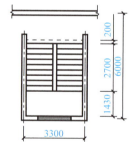

图 3-6-1　某建筑物内一楼梯平面图

（2）编制该分项的工程量清单（表 3-6-3）

表 3-6-3　建筑装饰装修工程分部分项工程工程量清单与计价表

序号	项目编码	项目名称	项目特征描述	计量单位	工程量	金额/元	
						综合单价	合价
1	011107001001	花岗石楼梯	1.20mm 厚济南青花岗石踏步板； 2.30mm 厚 1：4 干硬性水泥砂浆粘贴	m²	17.39		

【例 3-7】某学院办公楼入口台阶平面图如图 3-6-2 所示，瓷质防滑地砖贴面，台阶踏步高 150mm、宽 300mm。试计算该清单工程量及所包含的定额项目工程量，并编制其工程量清单。

【解】

（1）计算工程量

清单工程量=台阶水平投影面积

$$=(4+0.3×2)×(0.3×2+0.3)+(3.0-0.3)$$
$$×(0.3×2+0.3)$$
$$=4.6×0.9+2.7×0.9$$
$$=6.57(m^2)$$

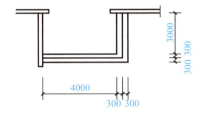

图 3-6-2 某学院办公楼入口台阶平面图

定额工程量=饰面外围尺寸以展开面积计算

$$=6.57+[(4+0.3×2+3+0.3×2)+(4+0.3+3+0.3)+(4+3)]×0.15$$
$$=9.99(m^2)$$

（2）编制该分项的工程量清单（表 3-6-4）

表 3-6-4 建筑装饰装修工程分部分项工程工程量清单与计价表

序号	项目编码	项目名称	项目特征描述	计量单位	工程量	金额/元	
						综合单价	合价
1	011107004001	瓷质防滑地砖台阶	1. 300mm×300mm 瓷质防滑地砖台阶； 2.20mm 厚 1∶4 干硬性水泥砂浆粘贴	m²	6.57		

3.6.2 楼地面其他部位面层的计价

【例 3-8】某一圆形多功能厅装修，准备铺贴大理石踢脚线（具体做法同例 3-5），踢脚线高 150mm，多功能厅室内周长为 32.50m，有两扇胶合板门（门洞尺寸均为 1500mm×2100mm），木质门套贴脸宽 50mm。试计算该厅踢脚线直接工程费。

【分析】本例中踢脚线为块料面层，该楼面的构造做法中包含面层、结合层，故清单项为黑白根大理石踢脚线；在定额块料面层项目中包含块料面层和结合层两部分，所以，定额项目最终需要计量的项有一项。由于清单工程量计算规则与定额工程量计算规则相同，即清单工程量等于定额工程量并且《装饰工程预算定额》中规定，块料面层弧形踢脚线，执行相应块料踢脚线子目，人工费乘以系数 1.15，因此该项人工费需进行系数调整的换算。

【解】

（1）综合单价的计算

1）数量=清单项目组价内容工程量÷清单项目工程量=$b÷a$。

① 大理石踢脚线清单工程量=大理石踢脚线定额工程量=长度×高度

$$=32.50-1.5×2-0.05×4=29.3(m)$$

② 大理石踢脚线数量=4.40÷29.3÷100=0.0015

2）清单项目综合单价计算。

B1-58 换= B1-58 定额预算价格+(规定系数-1)×定额项目人工费

$$=15801.92+(1.15-1)\times5966.8=16696.94[元/(100m^2)]$$

本项目中，人工费=5966.8×1.15=6861.82[元/(100m²)]；

材料费=9783.64[元/(100m²)]；

机械使用费=51.48[元/(100m²)]。

清单项目综合单价=$\sum$[(b÷a×人工费+b÷a×材料费+b÷a×机械使用费+b÷a×企业管理费

+b÷a×利润)]=25.99(元)

（2）分部分项工程费计算

分部分项工程费=$\sum$(分部分项清单项目工程量×相应清单项目综合单价)

=29.3×25.99≈761.51(元)

（3）填写分部分项工程综合单价分析表

填写建筑装饰装修工程分部分项工程工程量清单综合单价分析表（表 3-6-5）和分部分项工程工程量清单与计价表（表 3-6-6）。

表 3-6-5 建筑装饰装修工程分部分项工程工程量清单综合单价分析表

项目编码	011105002001		项目名称	大理石踢脚线		计量单位	m²		工程量		29.3
清单综合单价组成明细											
定额编号	定额项目名称	定额单位	数量	单价/元				合价/元			
				人工费	材料费	机械使用费	管理费和利润	人工费	材料费	机械使用费	管理费和利润
B1-58	大理石踢脚线	100m²	0.0015	6861.82	9783.64	51.48	625.78	10.29	14.68	0.077	0.94
小计								10.29	14.68	0.077	0.94
未计价材料费											
清单项目综合单价								180.01			

注：人工单价为 140 元/工日。

表 3-6-6 建筑装饰装修工程分部分项工程工程量清单与计价表

序号	项目编码	项目名称	项目特征描述	计量单位	工程量	金额/元		
						综合单价	合价	其中暂估价
1	011105002001	大理石踢脚线	1. 350mm×150mm×12mm 黑白根大理石踢脚线，水泥浆擦缝；2. 5mm 厚 1∶1 水泥砂浆加水，加 20%建筑胶镶贴；3. 15mm 厚 1∶3 水泥砂浆，分两次抹灰	m²	29.3	25.99	761.51	

3.7　综合实战：某室内设计样板间楼地面工程计量与计价

3.7.1　任务分析

室内设计样板间相关平面设计图纸如图 3-7-1～图 3-7-4 所示。

1. 实战目标

掌握建筑装饰装修工程计价文件的编辑方法及程序，能够熟练地计算楼地面工程的工程量和准确地分析计算分项工程的综合单价，并完整计算楼地面工程的费用。全面了解建筑装饰装修工程计量和计价的过程。

2. 实战内容及深度

1）根据提供的装饰施工图纸，进行工程量计算，套用消耗量定额、取费标准，计算楼地面工程的造价等工作；并根据完成的老人房、主卧卫生间、主卧衣帽间楼地面工程量，计算老人房、主卧卫生间、主卧衣帽间楼地面造价。

2）工程采用总承包形式。按《山西省建设工程计价依据　建设工程费用定额》（2018）取定相关费率。

3.7.2　实战主要步骤

步骤一：熟悉施工图纸，了解设计意图和工程全貌，以便正确地计算工程量。
步骤二：按照现行工程量计算规范、预算定额工程量计算规则，结合给定的图纸，确定工程项目，做到不漏项、不缺项。确定工程项目计算工程量。
步骤三：套用山西省预算定额，填写分部分项工程工程量清单综合单价分析表。
步骤四：填写分部分项工程工程量清单与计价表。

3.7.3　实战参考资料

所用参考资料如下。
1）《建设工程工程量清单计价标准》（GB/T 50500—2024）。
2）《房屋建筑与装饰工程工程量计算标准》（GB/T 50854—2024）。
3）《山西省建设工程计价依据　建筑工程预算定额》（2018）。
4）《山西省建设工程计价依据　装饰工程预算定额》（2018）。
5）《山西省建设工程计价依据　建设工程费用定额》（2018）。

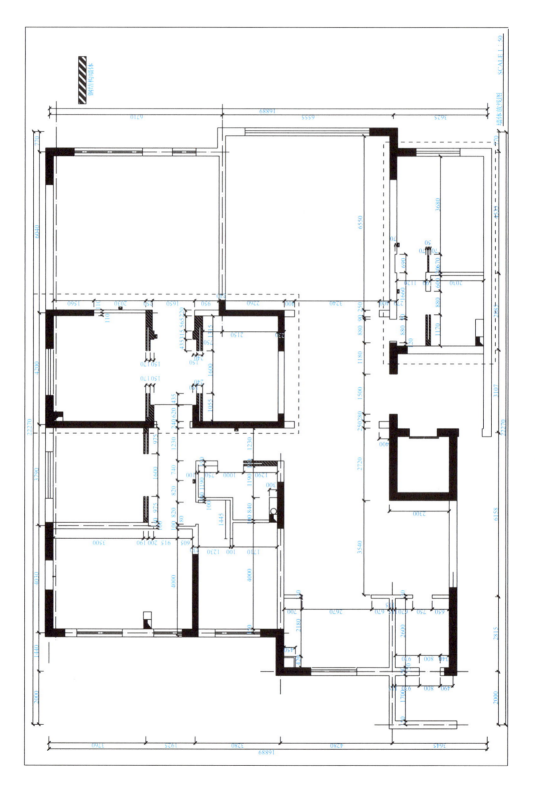

图 3-7-1 墙体定位尺寸图

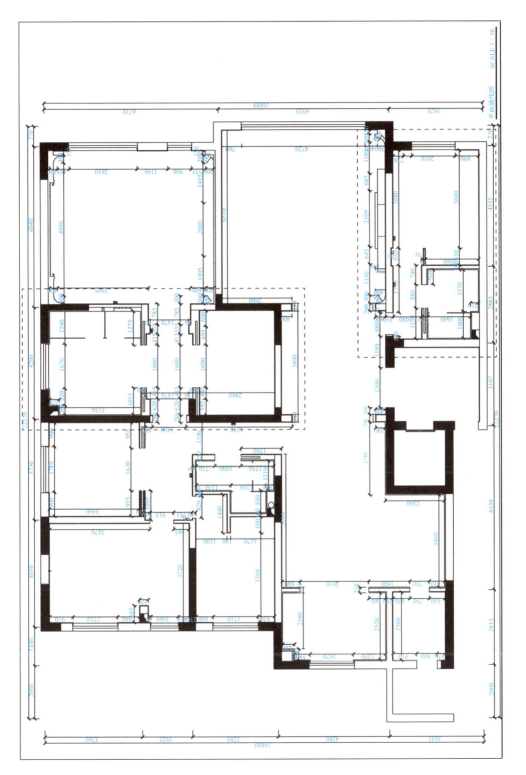

图 3-7-2　平面定位尺寸图

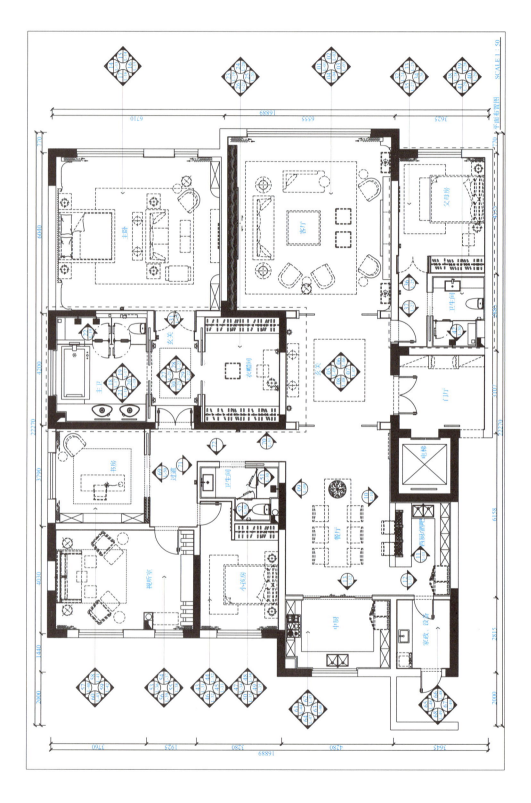

图 3-7-3 平面布置图

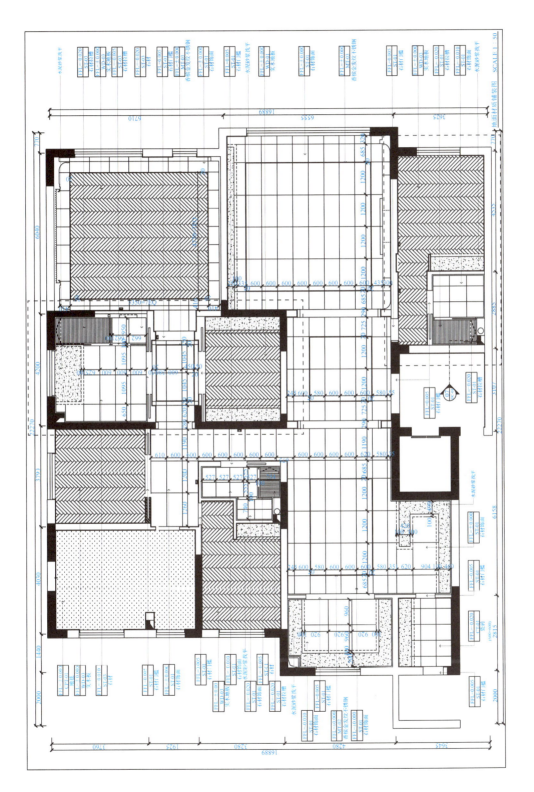

图 3-7-4　地面材质铺装图

3.7.4 项目提交与展示

项目提交与展示需要学生攻克难关完成项目设定的实战任务后，进行成果的提交与展示。

1. 项目提交

1）分部分项工程工程量计算书——楼地面工程部分。

2）分部分项工程工程量清单综合单价分析表——楼地面工程部分。

3）分部分项工程工程量清单与计价表——楼地面工程部分。

2. 项目展示

项目展示包括 PPT 演示、计价文件的展示及问答等。要求学生用演讲的方式展示其语言表达能力，并展示其清单计价文件的编制能力。

学生自述 5min 左右，用 PPT 演示文稿，展示其计价文件编制的方法及体会。通过教师提问考查学生编制清单计价文件的规范性和准确性。

能力 评价 楼地面工程计量与计价能力评价

项目评价需要专业指导教师和企业指导教师针对学生构造设计的过程、成果及答辩表现，综合评价给出成绩。

1. 评价功能

1）检查学生项目实战的效果及学生观察问题、分析问题、应用专业知识解决实际问题的能力。

2）教师自检其选择的教学方法、手段、形式所得的成果。

2. 评价内容

1）工程量清单编制的准确性和完整性。

2）工程量计算的准确性。

3）定额套用和换算的掌握程度。

4）清单计价文件的规范性与完成情况。

5）对所提问题的回答是否充分及语言表达水平。

3. 成绩评定

总体评价参考比例标准：过程考核占 40%，成果考核占 40%，答辩占 20%。

项 目

墙、柱面工程计量与计价

项目引入 通过对本项目的整体认识，形成墙、柱面工程计量与计价的知识及技能体系。

❚ **学习目标** 1. 掌握墙、柱面工程的工程量计算过程。
2. 掌握墙、柱面工程清单项目的计价过程。
3. 理解墙、柱面工程中相应项目的工程量计算规则。

❚ **能力要求** 1. 能进行墙、柱面抹灰的计量与计价。
2. 能进行墙、柱面镶贴块料的计量与计价。
3. 能进行墙、柱（梁）饰面的计量与计价。
4. 能进行幕墙与隔断的计量与计价。

❚ **思政目标** 1. 培养创新思维，能够举一反三解决实际问题。
2. 强化规范意识、标准意识、质量意识，自觉践行行业道德规范。

项目解析 在项目引入的基础上，专业指导教师针对学生的实际学习能力，对墙、柱面工程中相关项目的计量与计价等进行解析，并结合工程实例、企业实际的工程项目任务，让学生获得相应的计量与计价知识。

4.1 项目概述：墙、柱面工程计量与计价概述

4.1.1 墙、柱面工程的概念

墙、柱面装饰装修工程是在墙、柱结构上进行表面装饰的工程，包括建筑物外墙、柱面装饰装修和内墙、柱面装饰装修两大部分。

4.1.2 墙、柱面装饰装修的作用及类型

1. 外墙面装饰装修的作用

（1）保护墙体

外墙是建筑物的重要组成部分。有的墙体在建筑中作为承重结构承担荷载；有的则根据生产、生活的需要将墙体做成围护结构，以达到遮风挡雨、保温隔热、防止噪声及保证安全等目的。墙体装饰装修可以保护墙体不直接受外力的磨损、碰撞和破坏，提高对外界各种不利因素的抵抗能力和耐久性，延长使用年限。

（2）改善墙体的物理性能

对墙体使用一些有特殊性能的材料，可提高墙体的保温隔热、隔声功能，同时还起防辐射、防火、防盗、防渗漏等作用。

（3）美化环境，丰富建筑的艺术形象

虽然建筑物的外观效果主要取决于建筑的总体效果，但外墙面装饰所表现的质感、色彩、线型等，也是构成总体效果的重要因素。采用不同的墙体装饰材料，运用不同的构造方法，可以美化建筑的外环境，丰富建筑形象。

2. 内墙、柱面装饰装修的作用

（1）保护墙体

在人们使用的过程中，内墙面会受到各种因素的影响。内墙面的装饰装修同外墙面一样，有保护墙体的作用，并提高墙体的耐久性。

（2）保证室内的使用条件

室内墙面经过装饰变得平整、光滑，不仅便于清扫和保持卫生，而且可以增加光线的反射，提高室内照度，保证人们在室内正常工作和生活的需要；当墙体本身热工性能不能满足使用要求时，可以在墙体内侧结合饰面做保温隔热处理，提高墙体的保温隔热能力。另外，经装饰装修后，内墙面有一定质感厚度的饰面层，可以提高墙体隔声、吸声、反射声波的能力。

（3）装饰室内

内墙面是室内的垂直界面，内墙面饰面层的质感、色彩、类型、饰物对装饰美化室内环境起着重要的作用。

3. 墙、柱面装饰装修的类型

墙、柱面装饰装修的类型有抹灰类、饰面板（砖）、涂饰类、裱糊与软包类、幕墙类等。

4.2　任务解析：墙、柱面抹灰计量与计价

4.2.1　墙、柱面抹灰的计量

1. 清单计量规则

（1）墙、柱面抹灰

墙、柱面抹灰按设计图示尺寸以面积计算。扣除墙裙、门窗洞口面积；不扣除单个面积≤0.3m²的孔洞面积，不扣除挂镜线、墙与构件交接处的面积；附墙柱、梁、垛、烟囱侧壁并入相应的墙面面积内；门窗洞口和孔洞的侧壁及顶面不增加面积。

（2）零星抹灰

零星抹灰按设计图示尺寸以展开面积计算。

2. 定额计量规则

（1）内墙抹灰工程量

1）内墙抹灰工程量扣除门窗洞口、空圈和单个面积大于 0.3m²的孔洞，洞口侧壁和顶面面积亦不增加。不扣除踢脚线、挂镜线和墙与构件交接处的面积。墙垛、附墙烟囱侧壁面积并入内墙抹灰工程量。内墙抹灰长度，按设计图示主墙间净长尺寸计算。

抹灰高度确定规则如下。

① 无墙裙的，其高度按室内地面或楼面至天棚底面之间的距离计算。

② 有墙裙的，其高度按墙裙顶至天棚底面之间的距离计算。

③ 有天棚吊顶的内墙抹灰，其高度按室内地面或楼面至吊顶底面另加 100mm 计算。

2）内墙裙抹灰面积按内墙净长乘以抹灰高度以 "m²" 计算。扣除门窗洞口、空圈所占的面积和单个大于 0.3m²的孔洞所占面积，洞口侧壁和顶面面积亦不增加。墙垛、附墙烟囱侧壁面积并入墙裙抹灰面积计算。

3）墙内梁、柱等面的抹灰，按墙面抹灰定额计算，其凸出墙面的梁、柱抹灰按展开面积计算。

（2）外墙抹灰工程量

外墙一般抹灰工程量。

1）外墙一般抹灰按设计图示外墙外边线长度乘以抹灰高度以 "m²" 计算。扣除外墙裙、门窗洞口、空圈和单个面积大于 0.3m²的孔洞所占面积，洞口侧壁和顶面面积亦不增加。墙垛、附墙梁、柱抹灰面积并入外墙抹灰工程量。栏板、窗台板、门窗套、扶手、凸出墙外的

腰线、压顶、挑檐、遮阳板等，另按规定计算。

2）外墙裙抹灰面积按长度乘以抹灰高度以"m^2"计算。扣除门窗洞口和单个大于 0.3m^2 的孔洞所占的面积，洞口侧壁和顶面面积亦不增加。墙垛、附墙梁、柱抹灰面积并入外墙抹灰工程量。

3）外墙高有以下几种情形。

有挑檐天沟的，由室外地坪算至挑檐下皮，如图 4-2-1（a）所示；

无挑檐天沟的，由室外地坪算至压顶板下皮，如图 4-2-1（b）所示；

坡顶屋面带檐口顶棚的，由室外地坪算至檐口顶棚下皮，如图 4-2-1（c）所示。

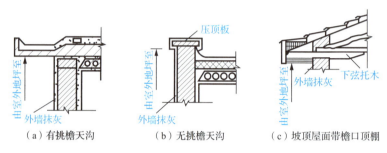

图 4-2-1　外墙抹灰计算高度示意图

（3）外墙装饰抹灰工程量

外墙装饰抹灰均按设计图示外墙外边线长度乘以抹灰高度以"m^2"计算。扣除外墙裙、门窗洞口、空圈和单个面积大于 0.3m^2 的孔洞所占的面积，洞口侧壁和顶面面积亦不增加。墙垛、附墙梁、柱抹灰面积并入外墙抹灰工程量。

（4）其他工程量

1）独立柱（梁）抹灰按设计图示尺寸周长乘以柱（梁）的高度（长度）以"m^2"计算。有天棚吊顶的柱面抹灰，其高度按室内地面或楼面至吊顶地面另加 100mm 计算。

2）勾缝按墙面垂直投影面积计算，应扣除墙裙和墙面抹灰面积，不扣除门窗套和腰线等零星抹灰及门窗洞口所占面积，垛及门窗侧面的勾缝面积亦不增加。

3）门窗套、窗台板抹灰按设计图示尺寸展开面积以"m^2"计算。

4）扶手、凸出墙外的腰线抹灰按设计图示尺寸展开面积以"m^2"计算。

5）压顶抹灰按设计图示尺寸展开面积以"m^2"计算。

6）挑檐、天沟抹灰按设计图示尺寸展开面积以"m^2"计算，包括外侧、顶部及内部防水层以上部分。

7）栏板抹灰按设计图示尺寸垂直投影面积以"m^2"计算，不包括扶手部分。

8）分格嵌条按设计图示尺寸以"延长米"计算。

9）墙面挂钢丝网按钢丝网面积以"m^2"计算。

10）零星项目抹灰按设计图示尺寸展开面积以"m^2"计算。

【例 4-1】如图 4-2-2 所示的 1 室、2 室的平面图，已知进户门 1200mm×2400mm，内室门 900mm×2100mm，窗户 1500mm×1800mm，窗户层高 3.6m。试计算内墙抹灰工程的清单工程量及所包含的定额项目工程量，并编制其工程量清单（该内墙面抹水泥砂浆构造做法如表 4-2-1 所示）。

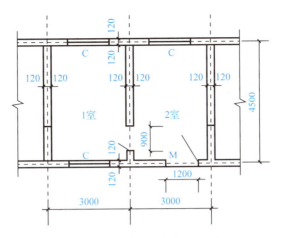

图 4-2-2　1 室、2 室的平面图

表 4-2-1　内墙面抹水泥砂浆构造做法

分层构造	墙面一般抹灰构造做法
面层	5mm 厚 1：2 水泥砂浆
底层	15mm 厚 1：3 水泥砂浆
结构层	砖墙

【分析】本例中内墙面的做法为在砖墙面抹水泥砂浆，故清单项与定额项相同，均为水泥砂浆墙面；由于清单工程量计算规则与定额工程量计算规则相同，因此清单工程量与定额工程量相等。在编制工程量清单时，应注意填写工程量清单的"五要件"，即项目编码、项目名称、项目特征描述、计量单位和工程量。

【解】

（1）计算工程量

墙面抹灰工程量=清单工程量=定额工程量

$$=主墙净长×抹灰高-\sum 应扣除面积+\sum 应增加面积$$

$$=(4.50-0.24+3.00-0.24)×2×2×3.6-1.2×2.4-0.9×2.1×2$$

$$-1.5×1.8×3$$

$$≈86.33(m^2)$$

（2）编制该分项工程的工程量清单（表 4-2-2）

表 4-2-2　建筑装饰装修工程分部分项工程工程量清单与计价表

序号	项目编码	项目名称	项目特征描述	计量单位	工程量	金额/元	
						综合单价	合价
1	011201001001	内墙面一般抹灰	1. 5mm 厚 1：2 水泥砂浆； 2. 15mm 厚 1：3 水泥砂浆； 3. 砖墙	m²	86.33		

【例 4-2】某工程平面及剖面图如图 4-2-3 所示。已知：门 1000mm×2700mm，共 3 个；窗户 1500mm×1800mm，共 4 个。内墙面为石灰砂浆抹面（该内墙面抹石灰砂浆构造做法如表 4-2-3 所示），内墙裙为水泥砂浆抹面（该墙裙抹水泥砂浆构造做法如表 4-2-4 所示）。试计算内墙抹灰工程的清单工程量及所包含的定额项目工程量，并编制其工程量清单。

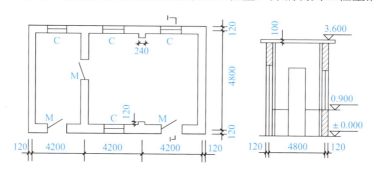

图 4-2-3　某工程平面及剖面图

表 4-2-3　内墙面抹石灰砂浆构造做法

分层构造	墙面一般抹灰构造做法
罩面	2mm 厚麻刀（或纸筋）石灰面
面层	18mm 厚 1∶3 石灰砂浆
结构层	砖墙

表 4-2-4　内墙裙抹水泥砂浆构造做法

分层构造	墙面一般抹灰构造做法
面层	5mm 厚 1∶2 水泥砂浆
底层	15mm 厚 1∶3 水泥砂浆
结构层	砖墙

【分析】本例中墙面抹灰包含两项：内墙面抹灰和内墙裙抹灰。内墙面抹灰的做法是在砖墙面上抹石灰砂浆，内墙裙抹灰的做法是在砖墙面上抹水泥砂浆，故清单项与定额项相同，均为石灰砂浆墙面；由于清单工程量计算规则与定额工程量计算规则相同，因此清单工程量与定额工程量相等。在编制工程量清单时，应注意填写工程量清单的"五要件"，即项目编码、项目名称、项目特征描述、计量单位和工程量。

【解】

（1）计算工程量

内墙面抹灰工程量=清单工程量=定额工程量

$$=主墙净长×内墙抹灰高-\sum 应扣除面积+\sum 应增加面积$$

$$=[(4.2×3-0.24×2)×2+(4.8-0.24)×4+0.12×4]×(3.6-0.1-0.9)-[1×(2.7-0.9)×3+1.5×1.8×4]$$

$$=42.96×2.6-16.2$$

$$≈95.50(m^2)$$

内墙裙抹灰工程量=清单工程量=定额工程量

$$=主墙净长×内墙裙高-\sum 应扣除面积+\sum 应增加面积$$

$$=(42.96-1×3)×0.9≈35.96(\text{m}^2)$$

（2）编制该分项工程的工程量清单（表 4-2-5）

表 4-2-5　建筑装饰装修工程分部分项工程工程量清单与计价表

序号	项目编码	项目名称	项目特征描述	计量单位	工程量	金额/元	
						综合单价	合价
1	011201001001	内墙面一般抹灰	1. 2mm 厚麻刀（或纸筋）石灰面； 2. 18mm 厚 1：3 石灰砂浆； 3. 砖墙	m²	92.50		
2	011201001002	内墙裙一般抹灰	1. 5mm 厚 1：2 水泥砂浆； 2. 15mm 厚 1：3 水泥砂浆； 3. 砖墙	m²	35.96		

【例 4-3】某建筑平面图、北立面图如图 4-2-4 所示。内墙面为 1：2 水泥砂浆抹面（其构造做法如表 4-2-6 所示），外墙面为普通水泥白石子水刷抹面（其构造做法如表 4-2-7 所示），门、窗尺寸分别为 M-1：900mm×2000mm；M-2：1200mm×2000mm；M-3：1000mm×2000mm；C-1：1500mm×1500mm；C-2：1800mm×1500mm；C-3：3000mm×1500mm。试计算内墙一般抹灰和外墙面装饰抹灰清单工程量及所包含的定额项目工程量，并编制其工程量清单。

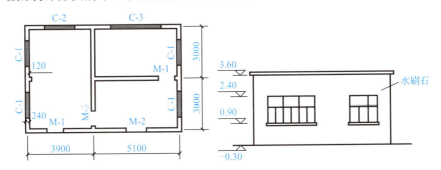

图 4-2-4　某建筑平面图、北立面图

表 4-2-6　内墙面抹水泥砂浆构造做法

分层构造	墙面一般抹灰构造做法
面层	6mm 厚 1：2 水泥砂浆
底层	19mm 厚 1：3 水泥砂浆
结构层	砖墙

表 4-2-7　外墙面抹水刷石构造做法

分层构造	墙面装饰抹灰构造做法
面层	10mm 厚 1：1.5 水泥白石子水刷表面
	刷素水泥浆一遍
底层	15mm 厚 1：3 水泥砂浆
结构层	砖墙

【解】

（1）计算工程量

内墙面一般抹灰清单工程量=定额工程量

$$=主墙净长×内墙抹灰高-\sum 应扣除面积+\sum 应增加面积$$

$$=[(3.9-0.24+3×2-0.24)×2+(5.1-0.24+3-0.24)×2×2+0.12×2]×3.6-$$

$$[0.9×2×3+1.2×2+1×2×2+1.5×1.5×4+1.8×1.5+3×1.5]$$

$$≈150.42(m^2)$$

外墙面装饰抹灰清单工程量=定额工程量

$$=外墙外边线长度×外墙高-\sum 应扣除面积+\sum 应增加面积$$

$$=(3.9+5.1+0.24+3×2+0.24)×2×(3.6+0.3)-[0.9×2+1.2×$$

$$2+1.5×1.5×4+1.8×1.5+3×1.5]$$

$$≈100.34(m^2)$$

（2）编制该分项工程的工程量清单（表 4-2-8）

表 4-2-8　建筑装饰装修工程分部分项工程工程量清单与计价表

序号	项目编码	项目名称	项目特征描述	计量单位	工程量	金额/元	
						综合单价	合价
1	011201001001	内墙面一般抹灰	1. 6mm 厚 1：2 水泥砂浆； 2. 19mm 厚 1：3 水泥砂浆； 3. 砖墙	m²	150.42		
2	011201002001	外墙面装饰抹灰	1. 10mm 厚 1：1.5 水泥白石子水刷表面； 2. 刷素水泥浆一遍； 3. 15mm 厚 1：3 水泥砂浆； 4. 砖墙	m²	100.34		

4.2.2　墙、柱面抹灰的计价

计算分部分项工程清单项目费用，应先计算并填写分部分项工程工程量清单综合单价分析表，再计算该分项工程的费用，并填入分部分项工程工程量清单与计价表中。

【例 4-4】试根据例 4-3 编制的工程量清单编制分部分项工程工程量清单综合单价分析表及分部分项工程工程量清单与计价表。

【分析】内墙抹水泥砂浆对应定额项 B2-1，面层为 6mm 厚 1：2 水泥砂浆，12mm 厚1：3 水泥砂浆，而设计内墙抹水泥砂浆面层为 6mm 厚 1：2 水泥砂浆，19mm 厚 1：3 水泥砂浆。可见，厚度不同，因此需要进行换算。外墙装饰抹灰设计内容与定额项一致，因而，直接套用定额项 B2-17。

【解】

（1）综合单价的计算

1）数量=清单项目组价内容工程量÷清单项目工程量=$b÷a$。

① 内墙抹灰数量=150.42÷150.42÷100=0.01。

② 外墙抹灰数量=100.34÷100.34÷100=0.01。

2）清单项目综合单价=$\sum[(b÷a×人工费+b÷a×材料费+b÷a×机械使用费+b÷a×企业管理费$

$+b\div a\times$ 利润)]

$$=\sum($$ 清单项目所含工程内容的综合单价×计价工程量$)\div$清单项目工程量

$$=\sum($$ 清单项目组价内容工程量$\div$清单项目工程量$)\times$相应综合单价。

①　内墙抹灰综合单价=38.55(元)。

B2-62 换（1∶2.5 水泥砂浆换为 1∶3 水泥砂浆）

=B2-62 预算价格+(换入砂浆 1∶3 水泥砂浆的单价－换出砂浆 1∶2.5 水泥砂浆的单价)
×定额砂浆消耗量

=45.43+(225.16－243.19)×0.12

≈43.27[元/(100m²)]

本项目中，人工费=12.60[元/(100m²)]；

材料费=29.28+(225.16－243.19)×0.12≈27.12[元/(100m²)]；

机械使用费=3.55[元/(100m²)]。

②　外墙装饰抹灰综合单价=67.99(元)。

（2）分部分项工程费=$\sum($分部分项清单项目工程量×相应清单项目综合单价)

（3）填写分部分项工程工程量清单综合单价分析表（表 4-2-9 和表 4-2-10）和分部分项工程工程量清单与计价表（表 4-2-11）

表 4-2-9　建筑装饰装修工程分部分项工程工程量清单综合单价分析表（一）

项目编码	011201001001		项目名称	内墙面一般抹灰		计量单位	m²		工程量		150.42
清单综合单价组成明细											
定额编号	定额项目名称	定额单位	数量	单价/元				合价/元			
				人工费	材料费	机械使用费	管理费和利润	人工费	材料费	机械使用费	管理费和利润
B2-1	内墙水泥砂浆抹面	100m²	0.01	2501.80	495.96	62.14	475.34	25.02	4.96	0.62	4.75
7×B2-62换	水泥砂浆每增减1mm	100m²	0.01	88.2	189.84	24.85	16.73	0.88	1.90	0.25	0.17
小计								25.9	6.86	0.87	4.92
未计价材料费											
清单项目综合单价								38.55			

注：人工单价为 140 元/工日。

表 4-2-10　建筑装饰装修工程分部分项工程工程量清单综合单价分析表（二）

项目编码	011201002001		项目名称	外墙面装饰抹灰		计量单位	m²		工程量		100.34
清单综合单价组成明细											
定额编号	定额项目名称	定额单位	数量	单价/元				合价/元			
				人工费	材料费	机械使用费	管理费和利润	人工费	材料费	机械使用费	管理费和利润
B2-17	水刷白石子墙面	100m²	0.01	5000.80	782.48	67.46	950.15	50	7.82	0.67	9.5
小计								50	7.82	0.67	9.5
未计价材料费											
清单项目综合单价								67.99			

注：人工单价为 140 元/工日。

表 4-2-11　建筑装饰装修工程分部分项工程工程量清单与计价表

序号	项目编码	项目名称	项目特征描述	计量单位	工程量	金额/元		
						综合单价	合价	其中暂估价
1	011201001001	内墙面一般抹灰	1. 6mm 厚 1：2 水泥砂浆； 2. 19mm 厚 1：3 水泥砂浆； 3. 砖墙	m²	150.42	38.55	5798.69	
2	011201002001	外墙面装饰抹灰	1. 10mm 厚 1：1.5 水泥白石子水刷表面； 2. 刷素水泥浆一遍； 3. 15mm 厚 1：3 水泥砂浆； 4. 砖墙	m²	100.34	67.99	6822.12	

4.3 任务解析：墙、柱面块料面层计量与计价

4.3.1　墙、柱面块料面层的计量

1. 清单计量规则

（1）墙、柱面块料面层

墙、柱面块料面层按设计图示镶贴后表面积计算。

（2）零星块料面层

零星块料面层按设计图示镶贴后表面积计算。

微课：柱（梁）面镶贴块料计量

2. 定额计量规则

（1）墙面镶贴块料面层

墙面镶贴块料面层按设计饰面外围尺寸以实贴面积以"m²"计算。不扣除单个面积在 0.3m² 以内的孔洞所占的面积，附墙柱（梁）并入墙面工程量内。有天棚吊顶的块料墙面，计算面积时按图示尺寸高度增加 100mm 计算。

（2）柱面镶贴块料

独立柱（梁）面镶贴块料面层按设计图示饰面外围周长尺寸乘以块料镶贴高（长）度以"m²"计算。柱帽、柱墩按设计图示饰面外围尺寸展开面积以"m²"计算。有天棚吊顶的块料柱面，计算面积时按图示尺寸高度增加 100mm 计算。

（3）零星项目镶贴块料

零星项目镶贴块料面层按设计图示饰面外围尺寸展开面积以"m²"计算。

【例 4-5】某建筑物钢筋混凝土柱的构造如图 4-3-1 所示，柱面挂贴花岗石面层（其构造做法如表 4-3-1 所示）。试计算该清单工程量及所包含的定额项目工程量，并编制其工程量清单。

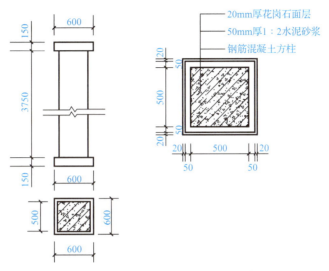

图 4-3-1 某建筑物钢筋混凝土柱的构造

表 4-3-1 柱面挂贴花岗石面层构造做法

分层构造	构造做法
面层	柱面挂贴花岗石面层
	20mm 厚花岗石饰面板
结合层	50mm 厚 1：2 水泥砂浆
结构层	钢筋混凝土方柱

【解】

（1）计算工程量

花岗石柱面清单工程量=定额工程量

=柱身面层工程量+柱帽、柱墩工程量

=(0.5+0.1+0.04)×4×3.75+(0.6+0.1+0.04)×4×0.15×2+(0.74²−0.64²)×2

≈10.76(m²)

（2）编制该分项工程的工程量清单（表 4-3-2）

表 4-3-2 建筑装饰装修工程分部分项工程工程量清单与计价表

序号	项目编码	项目名称	项目特征描述	计量单位	工程量	金额/元	
						综合单价	合价
1	011203001001	柱面挂贴花岗石	1．20mm 厚花岗石饰面板（600mm×600mm）； 2．50mm 厚 1：2 水泥砂浆； 3．钢筋混凝土方柱	m²	10.76		

【例 4-6】某卫生间的一侧墙面示意图如图 4-3-2 所示，墙面贴 2m 高的白色瓷砖（其构造做法如表 4-3-3 所示），窗侧壁贴瓷砖宽 120mm。试计算该贴瓷砖项目清单工程量及所包含的定额项目工程量，并编制其工程量清单。

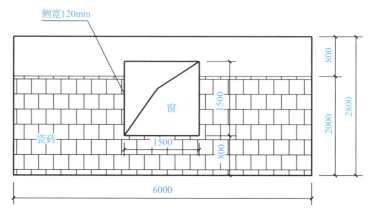

图 4-3-2　某卫生间的一侧墙面示意图

表 4-3-3　瓷质内墙砖面层构造做法

项目名称	构造做法
瓷质内墙砖面层	200mm×150mm 瓷质内墙面砖，1∶1 的水泥浆勾缝
	5mm 厚 1∶1 水泥砂浆加水、加 20%建筑胶镶贴
	刷素水泥浆一遍
	15mm 厚 1∶3 水泥砂浆，分两次抹灰
	刷建筑胶素水泥浆一遍，配合比为建筑胶∶水=1∶4
	钢筋混凝土方柱

【解】

（1）计算工程量

1）清单工程量的计算。

瓷质面砖工程量=设计图示镶贴表面积=6×2-1.5×(2-0.8)=10.2(m²)

2）定额工程量的计算。

瓷质面砖工程量=实贴面积=清单工程量+窗洞口侧壁的工程量

=10.2+1.5×4×0.12=10.92(m²)

（2）编制该分项的工程量清单（表 4-3-4）

表 4-3-4　建筑装饰装修工程分部分项工程工程量清单与计价表

序号	项目编码	项目名称	项目特征描述	计量单位	工程量	金额/元	
						综合单价	合价
1	011203002001	瓷质内墙砖面层	1. 200mm×150mm 瓷质内墙面砖，1∶1 的水泥浆勾缝； 2. 5mm 厚 1∶1 水泥砂浆加水、加 20%建筑胶镶贴； 3. 刷素水泥浆一遍； 4. 15mm 厚 1∶3 水泥砂浆，分两次抹灰； 5. 刷建筑胶素水泥浆一遍，配合比为建筑胶∶水=1∶4	m²	10.2		

4.3.2　墙、柱面镶贴块料的计价

计算分部分项工程清单项目费用，应先计算并填写分部分项工程量清单综合单价分析表，再计算该分项工程的费用，并填入分部分项工程工程量清单与计价表中。

【例 4-7】试根据例 4-6 编制的工程量清单，编制分部分项工程工程量清单综合单价分析表及分部分项工程工程量清单与计价表。

【解】

（1）综合单价的计算

$$瓷质内墙砖的数量=10.92\div10.2\div100\approx0.01$$

$$清单项目综合单价=81.74(元)$$

$$分部分项工程费=\sum(分部分项清单项目工程量\times相应清单项目综合单价)$$

$$=10.2\times81.74\approx833.75(元)$$

（2）填写分部分项工程工程量清单综合单价分析表（表 4-3-5）和分部分项工程工程量清单与计价表（表 4-3-6）

表 4-3-5　建筑装饰装修工程分部分项工程工程量清单综合单价分析表

项目编码	011203003001	项目名称	瓷质内墙砖	计量单位	m²	工程量	10.2

清单综合单价组成明细											
定额编号	定额项目名称	定额单位	数量	单价/元				合价/元			
				人工费	材料费	机械使用费	管理费和利润	人工费	材料费	机械使用费	管理费和利润
B2-100	瓷质内墙砖面层	100m²	0.01	5577.60	1485.01	51.48	1059.74	55.78	14.85	0.51	10.60
小计								55.78	14.85	0.51	10.60
未计价材料费											
清单项目综合单价								81.74			

注：人工单价为 140 元/工日。

表 4-3-6　建筑装饰装修工程分部分项工程工程量清单与计价表

序号	项目编码	项目名称	项目特征描述	计量单位	工程量	金额/元	
						综合单价	合价
1	011203003001	瓷质内墙砖面层	1. 200mm×150mm 瓷质内墙面砖，1∶1 的水泥浆勾缝； 2. 5mm 厚 1∶1 水泥砂浆加水、加 20%建筑胶镶贴； 3. 刷素水泥浆一遍； 4. 15mm 厚 1∶3 水泥砂浆，分两次抹灰； 5. 刷建筑胶素水泥浆一遍，配合比为建筑胶∶水=1∶4	m²	10.2	81.74	833.75

4.4 任务解析：墙、柱（梁）饰面计量与计价

4.4.1 墙、柱（梁）饰面的计量

微课：墙饰面计量

1. 清单计量规则

（1）墙、柱饰面

墙、柱面装饰板按设计图示饰面外围尺寸以面积计算。扣除门窗洞口面积，不扣除单个面积≤0.3m² 的孔洞所占面积。

（2）墙、柱面装饰浮雕

墙、柱面装饰浮雕按设计图示尺寸以面积计算。

（3）墙、柱面装配式装饰板

墙、柱面装配式装饰板按设计图示饰面外围尺寸以面积计算。

（4）墙柱面软包、墙柱面保温装饰一体板

墙柱面软包、墙柱面保温装饰一体板按设计图示饰面外围尺寸以面积计算。

2. 定额计量规则

（1）墙饰面

1）墙面装饰龙骨按设计图示饰面外围尺寸垂直投影面积以"m²"计算或按质量以"t"计算，附墙、柱（梁）并入墙面工程量。

2）墙面装饰基层板、面层板均按设计图示饰面外围尺寸展开面积以"m²"计算。不扣除单个面积在 0.3m² 以内的孔洞所占的面积，附墙、柱（梁）并入墙面工程量。

3）软包墙饰面按设计图示尺寸垂直投影面积以"m²"计算。

（2）柱（梁）饰面

1）独立柱（梁）装饰龙骨按设计图示饰面外围周长尺寸乘以装饰高（长）度以"m²"计算或按质量以"t"计算。

2）独立柱（梁）装饰基层板、面层板均按设计图示饰面外围周长尺寸乘以装饰高（长）度以"m²"计算。

3）有天棚吊顶的墙、柱面装饰按设计图示饰面外围周长尺寸乘以装饰高（长）度以"m²"计算。

4）软包柱饰面按设计图示尺寸垂直投影面积以"m²"计算。

【例 4-8】某工程内外墙面装饰工程计算图如图 4-4-1 所示，室内做 1200mm 高的木墙裙，内墙一般抹灰，外墙贴釉面砖（构造做法分别如表 4-4-1～表 4-4-3 所示）。其中 M-1：1500mm× 2100mm；M-2：900mm×2100mm；C-1：1500mm×1500mm；C-2：1200mm×800mm；室内净高 3.5m；外墙顶标高 4.5m；设计室外地坪标高-0.45m。试计算该工程的清单工程量及所包含的定额项目工程量，并编制其工程量清单。

（a）平面图　　　　　（b）正立面图　　　　　（c）门（窗）侧壁

图 4-4-1　某工程内外墙面装饰工程计算图

表 4-4-1　内墙木墙裙构造做法

项目名称	构造做法
内墙 木墙裙	柚木饰面板
	基层 12mm 木质基层板衬板
	木龙骨（断面 30mm×40mm，间距 300mm×300mm）
	砖墙

表 4-4-2　内墙抹灰构造做法

项目名称	构造做法
内墙抹灰	1∶1∶6 混合砂浆面层 5mm 厚
	1∶1∶4 混合砂浆找平层，1∶2 水泥砂浆打底共 15mm 厚
	砖墙

表 4-4-3　外墙釉面砖构造做法

项目名称	构造做法
陶质外墙釉面砖	152mm×76mm 陶质外墙釉面砖，1∶1 的水泥浆勾缝
	5mm 厚 1∶1 水泥砂浆加水、加 20%建筑胶镶贴
	刷素水泥浆一遍
	15mm 厚 1∶3 水泥砂浆，分两次抹灰
	刷建筑胶素水泥浆一遍，配合比为建筑胶∶水=1∶4
	砖墙

【解】

（1）计算工程量

$$L_{内}=(3.23-0.36+3.8-0.48)×2×2=6.19×4=24.76(m)$$

$$L_{外}=(3.23×2+3.8)×2=20.52(m)$$

1）内墙木墙裙工程量计算。

① 清单工程量=内墙裙长×内墙裙高=(24.76-0.9×2-1.5)×1.2≈25.75(m²)。

② 定额工程量包括以下几项。

$$柚木饰面板面层工程量=25.75(m²)$$

$$木质基层板工程量=25.75(m²)$$

木龙骨工程量=垂直投影面积=25.75(m²)

微课：墙面抹灰
清单工程量解读

视频：墙面抹灰
清单工程量解读

2）内墙面抹灰清单工程量=定额工程量

$$=内墙净长(L_{内})×内墙高-门窗洞口、空圈面积$$
$$-内墙裙面积和大于0.3m^2孔洞面积$$
$$+垛、梁、柱侧面积室内墙面一般抹灰工程量$$
$$=24.76×(3.5-1.2)-1.50×0.9-0.9×0.9×2-1.50$$
$$×1.50-1.20×0.80×2$$
$$≈49.81(m^2)$$

3）外墙贴面砖工程量=块料墙面清单工程量=定额工程量

$$=外墙长(L_{外})×外墙高-门窗洞口、空圈面积$$
$$-大于0.3m^2孔洞面积+垛、梁、柱侧面积$$
$$=20.52×(4.50+0.45)-(1.5×2.1)-(1.50×1.50)$$
$$-(1.20×0.80)×2+[(1.5+2.1×2)+1.5×4+(1.2+0.8)$$
$$×2×2]×0.12$$
$$≈96.62(m^2)$$

（2）编制该分项工程的工程量清单（表4-4-4）

表4-4-4 建筑装饰装修工程分部分项工程工程量清单与计价表

序号	项目编码	项目名称	项目特征描述	计量单位	工程量	金额/元		
						综合单价	合价	其中暂估价
1	011205001001	内墙木墙裙	1. 柚木饰面板； 2. 基层12mm木质基层板衬板； 3. 木龙骨（断面30mm×40mm，间距300mm×300mm）	m²	25.75			
2	011201001001	内墙抹灰	1. 1：1：6混合砂浆面层5mm厚； 2. 1：1：6混合砂浆找平层，1：2水泥砂浆打底共15mm厚	m²	49.81			
3	011203003001	陶质外墙釉面砖	1. 152mm×76mm陶质外墙釉面砖，1：1的水泥浆勾缝； 2. 5mm厚1：1水泥砂浆加水、加20%建筑胶镶贴； 3. 刷素水泥浆一遍； 4. 15mm厚1：3水泥砂浆，分两次抹灰； 5. 刷建筑胶素水泥浆一遍，配合比为建筑胶：水=1：4	m²	96.62			

4.4.2 墙、柱（梁）饰面的计价

计算分部分项工程清单项目费用，应先计算并填写分部分项工程工程量清单综合单价分析表，再计算该分项工程的费用，并填入分部分项工程工程量清单与计价表中。

【例4-9】试根据例4-8编制的工程量清单，编制分部分项工程工程量清单综合单价分析表及分部分项工程工程量清单与计价表。

【解】

（1）内墙木墙裙

综合单价的计算按照公式"清单项目综合单价=$\sum[(b\div a\times$人工费$+b\div a\times$材料费$+b\div a\times$机械使用费$+b\div a\times$企业管理费$+b\div a\times$利润$)]$；数量=清单项目组价内容工程量$\div$清单项目工程量$=b\div a$"，则有如下结果。

$$柚木饰面板面层工程量=25.75\div25.75\div100=0.01$$
$$木质基层板工程量=25.75\div25.75\div100=0.01$$
$$木龙骨工程量=垂直投影面积=25.75\div25.75\div100=0.01$$
$$清单项目综合单价=114.75(元)$$
$$分部分项工程费=\sum(分部分项清单项目工程量\times相应清单项目综合单价)$$
$$=25.75\times114.75\approx2954.81(元)$$

（2）内墙抹灰

$$数量=清单项目组价内容工程量\div清单项目工程量=49.81\div49.81\div100=0.01(\text{m}^2)$$
$$清单项目综合单价=31.88(元)$$
$$分部分项工程费=\sum(分部分项清单项目工程量\times相应清单项目综合单价)$$
$$=49.81\times31.88\approx1587.94(元)$$

（3）陶质外墙釉面砖

$$数量=96.62\div96.62\div100=0.01$$
$$清单项目综合单价=97.6(元)$$
$$分部分项工程费=\sum(分部分项清单项目工程量\times相应清单项目综合单价)$$
$$=96.62\times97.6\approx9430.11(元)$$

（4）填写分部分项工程工程量清单综合单价分析表（一）～（三）（表4-4-5～表4-4-7）和分部分项工程工程量清单与计价表（表4-4-8）

表4-4-5　建筑装饰装修工程分部分项工程工程量清单综合单价分析表（一）

项目编码	011205001	项目名称	内墙木墙裙	计量单位	m²	工程量	25.75

清单综合单价组成明细											
定额编号	定额项目名称	定额单位	数量	单价/元				合价/元			
				人工费	材料费	机械使用费	管理费和利润	人工费	材料费	机械使用费	管理费和利润
B2-292	柚木饰面板面层	100m²	0.01	1695.40	2636.81	43.06	322.13	16.95	26.37	0.43	3.22
B2-237	木质基层板	100m²	0.01	798.00	2131.68	0	151.62	7.98	21.32	0	1.52
B2-218	附墙木龙骨	100m²	0.01	1628.00	1746.70	0	311.22	16.38	17.47	0	3.11
小计								41.31	65.16	0.43	7.85
未计价材料费											
清单项目综合单价								114.75			

注：人工单价为140元/工日。

表 4-4-6　建筑装饰装修工程分部分项工程工程量清单综合单价分析表（二）

项目编码	011201001001		项目名称	内墙抹灰	计量单位		m²	工程量		49.81
清单综合单价组成明细										
定额编号	定额项目名称	定额单位	数量	单价/元				合价/元		
				人工费	材料费	机械使用费	管理费和利润	人工费	材料费	机械使用费	管理费和利润
B2-5	内墙混合砂浆抹面	100m²	0.01	2331.00	363.15	51.48	442.89	23.31	3.63	0.51	4.43
小计								23.31	3.63	0.51	4.43
未计价材料费											
清单项目综合单价								31.88			

注：人工单价为 140 元/工日。

表 4-4-7　建筑装饰装修工程分部分项工程工程量清单综合单价分析表（三）

项目编码	011203003001		项目名称	陶质外墙釉面砖	计量单位		m²	工程量		96.62
清单综合单价组成明细										
定额编号	定额项目名称	定额单位	数量	单价/元				合价/元		
				人工费	材料费	机械使用费	管理费和利润	人工费	材料费	机械使用费	管理费和利润
B2-96	陶质外墙釉面砖	100m²	0.01	6769.00	1654.18	51.48	1286.11	67.69	16.54	0.51	12.86
小计								67.69	16.54	0.51	12.86
未计价材料费											
清单项目综合单价								97.6			

注：人工单价为 140 元/工日。

表 4-4-8　建筑装饰装修工程分部分项工程工程量清单与计价表

序号	项目编码	项目名称	项目特征描述	计量单位	工程量	金额/元		
						综合单价	合价	其中暂估价
1	011205001001	内墙木墙裙	1. 柚木饰面板； 2. 基层 12mm 木质基层板衬板； 3. 木龙骨（断面 30mm×40mm，间距 300mm×300mm）	m²	25.75	114.75	2954.81	
2	011201001001	内墙抹灰	1. 1∶1∶6 混合砂浆面层 5mm 厚； 2. 1∶1∶6 混合砂浆找平层，1∶2 水泥砂浆打底共 15mm 厚	m²	49.81	31.88	1587.94	
3	011203003001	陶质外墙釉面砖	1. 152mm×76mm 陶质外墙釉面砖，1∶1 的水泥浆勾缝； 2. 5mm 厚 1∶1 水泥砂浆加水、加 20%建筑胶镶贴； 3. 刷素水泥浆一遍； 4. 15mm 厚 1∶3 水泥砂浆，分两次抹灰； 5. 刷建筑胶素水泥浆一遍，配合比为建筑胶∶水=1∶4	m²	96.62	97.6	9430.11	

4.5 任务解析：幕墙计量与计价

4.5.1 幕墙的计量

1. 清单工程量

（1）构件式幕墙

构件式玻璃幕墙按设计图示框外围尺寸以面积计算。扣除开启扇面积。

构件式石材幕墙、构件式金属板幕墙、构件式人造板幕墙按设计图示外表面积计算。

（2）单元式幕墙

单元式幕墙按设计图示框外围尺寸以投影面积计算。扣除开启扇面积。

（3）全玻（无框）幕墙、点支承玻璃幕墙

全玻（无框）幕墙、点支承玻璃幕墙按设计图示尺寸以面积计算。扣除开启扇面积。

（4）幕墙开启扇

幕墙开启扇按设计图示扇外围尺寸以面积计算。

2. 定额工程量

（1）带骨架幕墙

玻璃幕墙、金属幕墙按设计图示框外围尺寸以"m²"计算，扣除窗所占面积。

（2）全玻璃（无框玻璃）幕墙

全玻璃幕墙按设计图示尺寸以"m²"计算，玻璃肋的工程量并入幕墙工程量。

（3）幕墙上悬窗

幕墙上悬窗按设计图示窗扇面积以"m²"计算。

【例 4-10】某工程玻璃幕墙示意图如图 4-5-1 所示，设计为吊挂式全玻璃幕墙，玻璃肋宽为 400mm。试计算该工程的清单工程量及所包含的定额项目工程量，并编制其工程量清单。

【解】

（1）计算工程量

幕墙清单工程量=幕墙定额工程量=展开面积=7.2×4.5-2.1×3.0+4.5×4×0.4=33.3(m²)

（2）编制该分项工程的工程量清单（表 4-5-1）

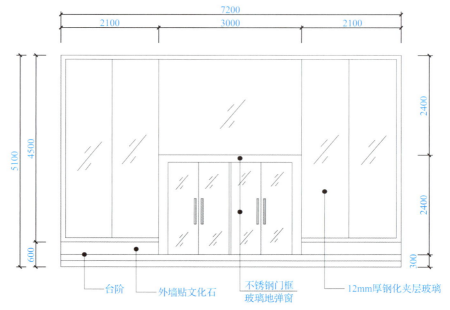

图 4-5-1 玻璃幕墙示意图

表 4-5-1 建筑装饰装修工程分部分项工程工程量清单与计价表

序号	项目编码	项目名称	项目特征描述	计量单位	工程量	金额/元	
						综合单价	合价
1	011206006001	玻璃幕墙	1. 1200mm×4000mm×15mm 钢化玻璃； 2. 聚乙烯发泡填料； 3. 吊挂式	m²	33.3		

4.5.2 幕墙的计价

计算分部分项工程清单项目费用，应先计算并填写分部分项工程工程量清单综合单价分析表，再计算该分项工程的费用，并填入分部分项工程工程量清单与计价表中。

【例 4-11】试根据例 4-10 编制的工程量清单，编制分部分项工程工程量清单综合单价分析表及分部分项工程工程量清单与计价表。

【解】

（1）综合单价的计算

$$玻璃幕墙的数量 = b \div a = 33.3 \div 33.3 \div 100 = 0.01$$

$$清单项目综合单价 = 477.18(元)$$

$$分部分项工程费 = \sum (分部分项清单项目工程量 \times 相应清单项目综合单价)$$

$$= 33.3 \times 477.18$$

$$\approx 15890.09(元)$$

（2）填写分部分项工程工程量清单综合单价分析表（表 4-5-2）和分部分项工程工程量清单与计价表（表 4-5-3）

表 4-5-2　建筑装饰装修工程分部分项工程工程量清单综合单价分析表

项目编码	011209002001	项目名称	吊挂式全玻璃墙	计量单位	m²	工程量	33.3
清单综合单价组成明细							

定额编号	定额项目名称	定额单位	数量	单价/元				合价/元			
				人工费	材料费	机械使用费	管理费和利润	人工费	材料费	机械使用费	管理费和利润
B2-329	吊挂式全玻璃幕墙	100m²	0.01	14491.40	27010.32	3463.60	2753.37	144.91	270.10	34.64	27.53
小计								144.91	270.10	34.64	27.53
未计价材料费											
清单项目综合单价								477.18			

注：人工单价为 140 元/工日。

表 4-5-3　建筑装饰装修工程分部分项工程工程量清单与计价表

序号	项目编码	项目名称	项目特征描述	计量单位	工程量	综合单价	合价	其中暂估价
1	011206006001	玻璃幕墙	1. 1200mm×4000mm×15mm 钢化玻璃； 2. 聚乙烯发泡填料； 3. 吊挂式	m²	33.3	477.18	15890.09	

【例 4-12】设计要求 150 系列中空玻璃明框幕墙面积为 57.2m²，主次龙骨间距设计为 1200mm×1500mm 时（表 4-5-4），经计算，每 100m² 面积银白色铝合金型材净用量为 844.98kg，定额规定损耗率为 7%。试计算该幕墙的综合单价并编制分部分项工程量清单与计价表。

表 4-5-4　明框玻璃幕墙构造做法

项目名称	构造做法
明框玻璃幕墙	银白色铝合金骨架 150 系列
	主次龙骨间距设计为 1200mm×1500mm
	中空玻璃 5+6A+5 双白
	橡胶海绵密封条密封
	硅酮耐候密封胶

【解】
（1）综合单价的计算

明框式玻璃幕墙数量=57.2÷57.2÷100=0.01

清单项目综合单价=460.54(元)

分部分项工程费=$\sum$(分部分项清单项目工程量×相应清单项目综合单价)

=57.2×460.54

≈26342.89(元)

（2）填写分部分项工程工程量清单综合单价分析表（表 4-5-5）和分部分项工程工程量清单与计价表（表 4-5-6）

表 4-5-5　建筑装饰装修工程分部分项工程工程量清单综合单价分析表

项目编码	011206001001		项目名称	明框式玻璃幕墙		计量单位		m²	工程量		57.2
清单综合单价组成明细											
定额编号	定额项目名称	定额单位	数量	单价/元				合价/元			
				人工费	材料费	机械使用费	管理费和利润	人工费	材料费	机械使用费	管理费和利润
B2-326	明框式玻璃幕墙	100m²	0.01	14667.80	28599.19	0	2786.88	146.68	285.99	0	27.87
小计								146.68	285.99	0	27.87
未计价材料费											
清单项目综合单价								460.54			

注：人工单价为 140 元/工日。

表 4-5-6　建筑装饰装修工程分部分项工程工程量清单与计价表

序号	项目编码	项目名称	项目特征描述	计量单位	工程量	金额/元		
						综合单价	合价	其中暂估价
1	011206001001	明框式玻璃幕墙	1. 银白色铝合金骨架 150 系列； 2. 主次龙骨间距设计为 1200mm×1500mm； 3. 中空玻璃 5+6A+5 双白； 4. 橡胶海绵密封条密封； 5. 硅酮耐候密封胶	m²	57.2	460.54	26342.89	

4.6 任务解析：隔断计量与计价

4.6.1 隔断的计量

1. 清单计量规则

（1）轻质隔墙、轻质隔断

轻质隔墙、轻质隔断按设计图示框外围尺寸以面积计算。不扣除单个面积≤0.3m² 的孔洞所占面积；同材质的浴厕门面积并入计算。

（2）成品隔断

成品隔断设计图示框外围尺寸以面积计算。

2. 定额计量规则

（1）木隔断、金属隔断

1）木框、铝合金框隔墙、隔断，铝合金扣板隔断及办公组合隔断按设计图示尺寸以"m²"

视频：浴厕配件计量

计算，扣除门窗洞口及单个面积大于 $0.3m^2$ 的孔洞所占的面积。

2）浴厕木隔断按下横档底面至上横档顶面的高度乘以设计图示隔断长度（包括浴厕门部分）以"m^2"计算。

（2）玻璃、塑料、其他隔断

1）全玻璃隔断玻璃按边框内边缘尺寸以"m^2"计算。不锈钢方管边框按框中心线长度以"延长米"计算。

2）空心玻璃砖隔墙按设计框外围尺寸以"m^2"计算。

3）浴厕三聚氰胺板、玻璃隔断按设计图示隔断高度（不包括支脚高度）乘以隔断长度（包括浴厕门部分）以"m^2"计算。

4）中空钢网内模隔间墙按设计图示尺寸垂直投影单面面积计算，扣除门窗洞口、空圈和单个面积大于 $0.3m^2$ 的孔洞面积，洞口侧壁和顶面面积亦不增加。

【例 4-13】某浴厕平面、立面图如图 4-6-1 所示，隔断及门采用三聚氰胺板制作。试计算该浴厕隔断的清单工程量及所包含的定额项目工程量，并编制其工程量清单。

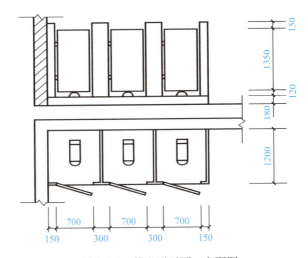

图 4-6-1　某浴厕平面、立面图

【解】

（1）计算工程量

浴厕隔断清单工程量=定额工程量

$$=(0.15\times2+0.6+1.2\times3)\times(1.35+0.12+0.15)$$
$$+0.7\times1.35\times3$$
$$\approx10.13(m^2)$$

（2）编制该分项工程的工程量清单

该浴厕隔断的工程量清单如表 4-6-1 所示。

表 4-6-1　建筑装饰装修工程分部分项工程工程量清单与计价表

序号	项目编码	项目名称	项目特征描述	计量单位	工程量	金额/元	
						综合单价	合价
1	011207002001	三聚氰胺板浴厕隔断	三聚氰胺板浴厕隔断	m^2	10.13		

4.6.2 隔断的计价

【例 4-14】试根据例 4-12 编制的工程量清单，编制其综合单价分析表及分部分项工程工程量清单与计价表。

【解】

（1）综合单价的计算

$$隔断数量=10.13\div10.13\div100=0.01$$
$$清单项目综合单价=196(元)$$
$$分部分项工程费=\sum(分部分项清单项目工程量×相应清单项目综合单价)$$
$$=10.13×196$$
$$=1985.48(元)$$

（2）填写分部分项工程工程量清单综合单价分析表（表 4-6-2）和分部分项工程工程量清单与计价表（表 4-6-3）

表 4-6-2　建筑装饰装修工程分部分项工程工程量清单综合单价分析表

项目编码	011207002001		项目名称	三聚氰胺板浴厕隔断		计量单位	m²	工程量	10.13
清单综合单价组成明细									
定额编号	定额项目名称	定额单位	数量	单价/元				合价/元	
				人工费	材料费	机械使用费	管理费和利润	人工费	材料费

定额编号	定额项目名称	定额单位	数量	人工费	材料费	机械使用费	管理费和利润	人工费	材料费	机械使用费	管理费和利润
B2-345	三聚氰胺板浴厕隔断	100m²	0.01	1960.00	17268.16	0	372.4	19.60	172.68	0	3.72
小计								19.60	172.68	0	3.72
未计价材料费											
清单项目综合单价								196			

注：人工单价为 63 元/工日。

表 4-6-3　建筑装饰装修工程分部分项工程工程量清单与计价表

序号	项目编码	项目名称	项目特征描述	计量单位	工程量	金额/元	
						综合单价	合价
1	011207002001	三聚氰胺板浴厕隔断	三聚氰胺板浴厕隔断	m²	10.13	196	1985.48

4.7 综合实战：某室内设计样板间墙、柱面工程计量与计价

4.7.1 任务分析

某室内设计样板间老人房、小孩房、主卧卫生间、主卧衣帽间的立面示意图及相关节点详图如图 4-7-1～图 4-7-12 所示。

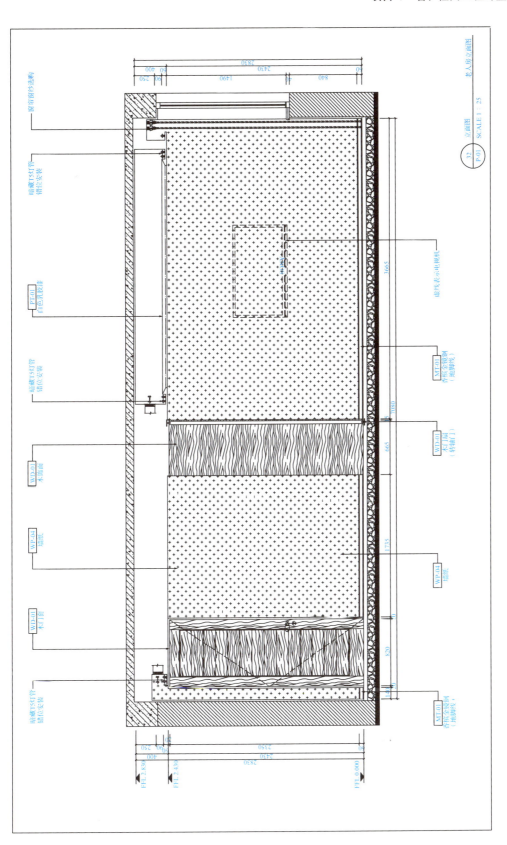

图 4-7-1 老人房立面图（32立面图）

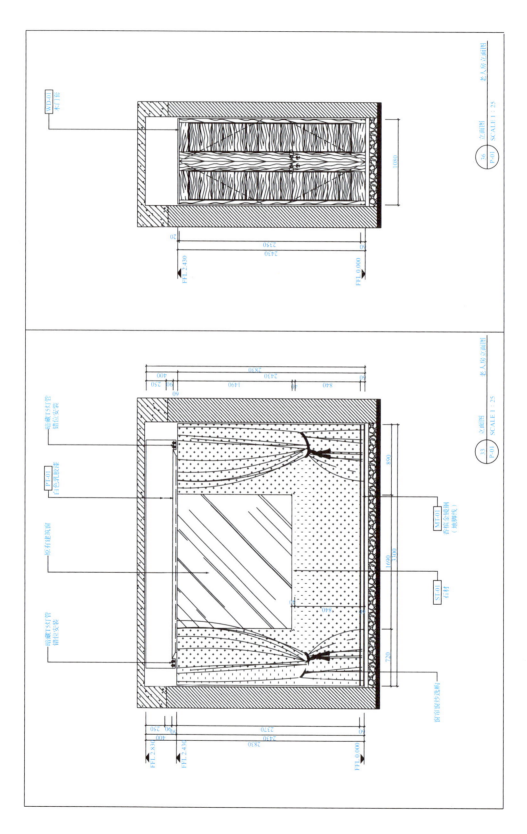

图 4-7-2 老人房立面图（㉝、㊱立面图）

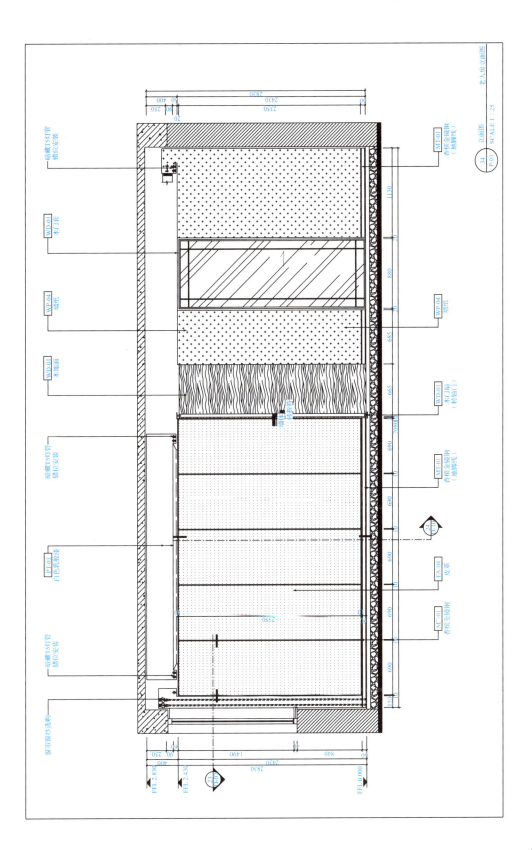

图 4-7-3　老人房立面图（㉞立面图）

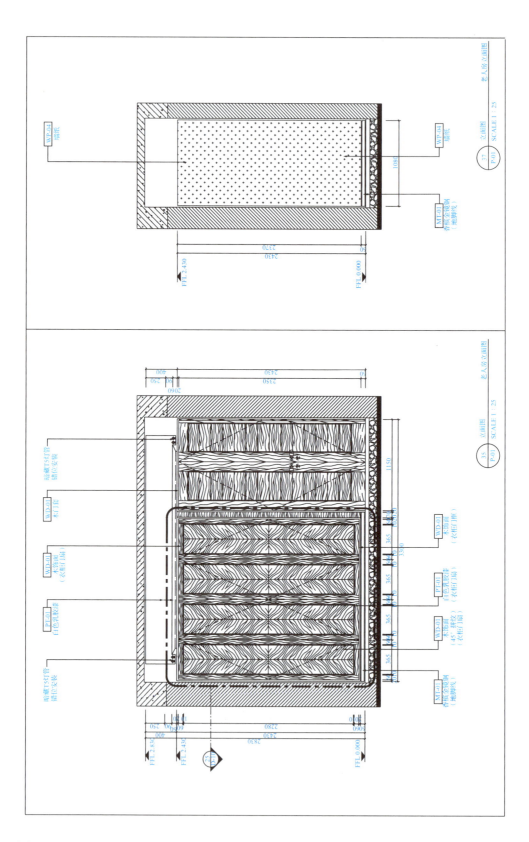

图 4-7-4 老人房立面图 (㉟、㊲立面图)

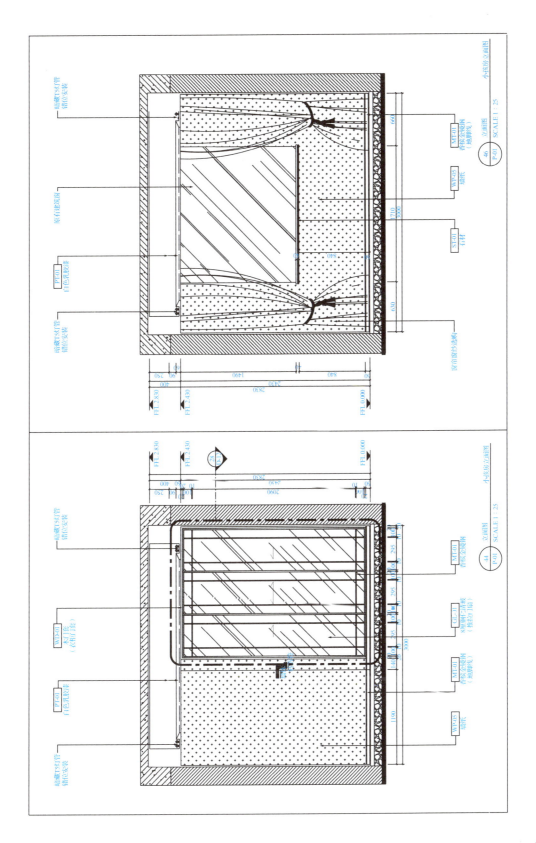

图 4-7-5　小孩房立面图（㊹、㊻立面图）

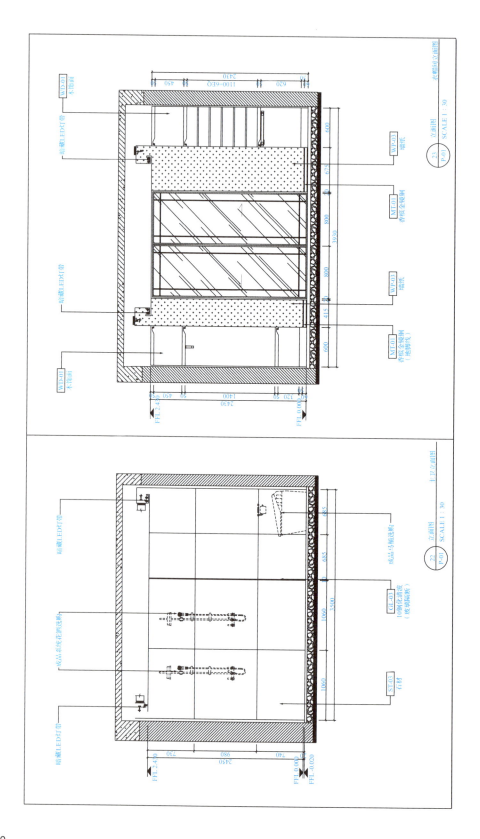

图 4-7-6 主卧卫生间、主卧衣帽间立面图（㉒、㉓立面图）

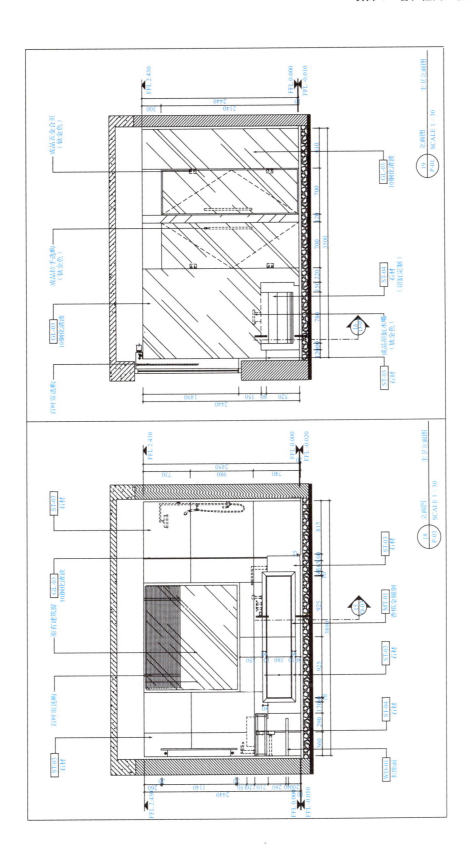

图 4-7-7　主卧卫生间立面图（⑱、⑲立面图）

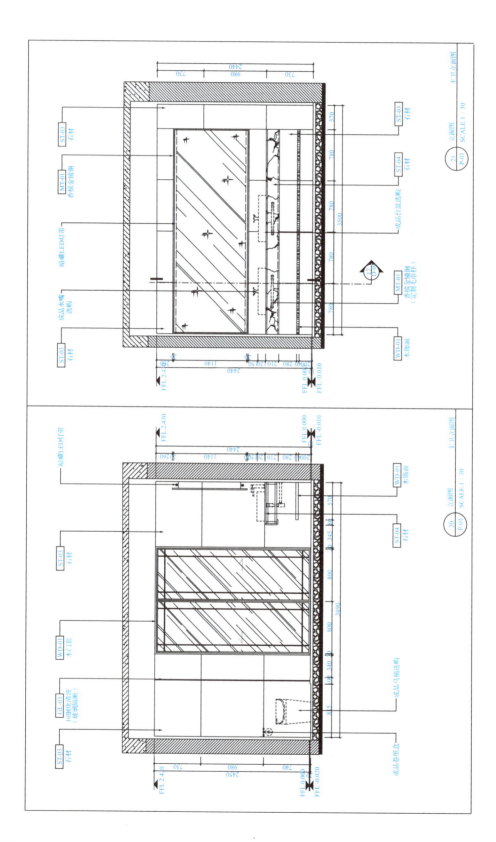

图 4-7-8　主卧卫生间立面图（⑳、㉑立面图）

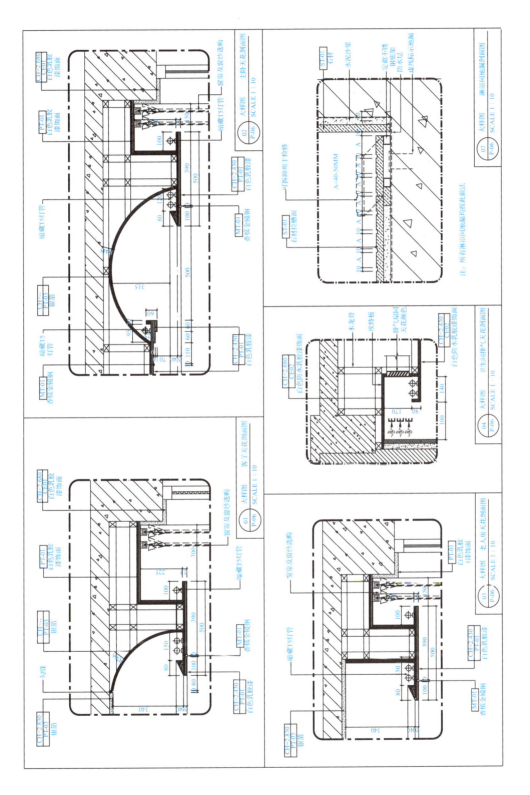

图 4-7-9　节点详图 1

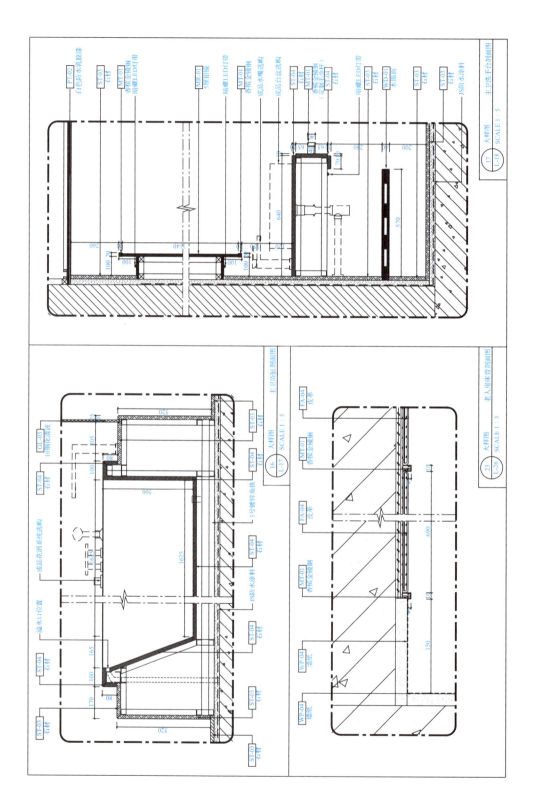

图 4-7-10 节点详图 2

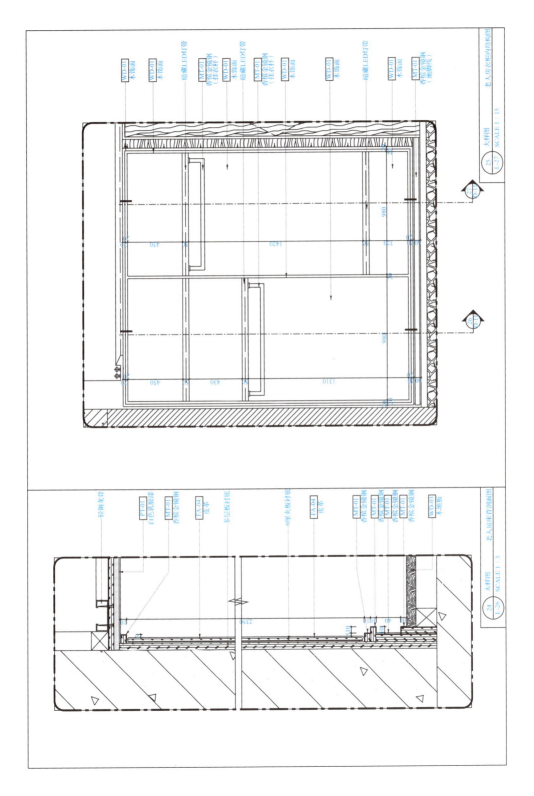

图 4-7-11　节点详图 3

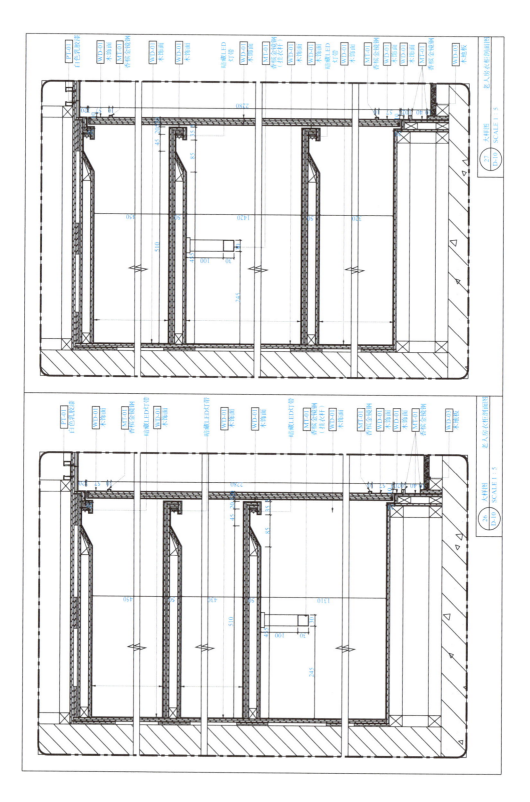

图 4-7-12　节点详图 4

1．实战目标

掌握建筑装饰装修工程工程量清单计价文件的编制方法及程序，能够熟练地计算墙、柱面工程的工程量和准确地分析计算分项工程的综合单价，并完整地计算楼地面工程的费用。全面了解建筑装饰装修工程造价的计量和计价的全过程。

2．实战内容及深度

1）根据提供的装饰施工图纸，进行工程量计算，套用消耗量定额、取费标准，计算楼地面工程的造价等工作；并根据完成的该别墅一层二号卧室、一层餐厅的墙柱面工程量，计算墙柱面造价。

2）工程采用总承包形式。费率按《山西省建设工程计价依据　建设工程费用定额》（2018）取定。

4.7.2　实战主要步骤

步骤一：熟悉施工图纸，了解设计意图和工程全貌，以便正确计算工程量。

步骤二：按照现行工程量计算规范、预算定额工程量计算规则，结合给定的图纸，确定工程项目，做到不漏项、不缺项。确定工程项目计算工程量。

步骤三：套用山西省预算定额，填写分部分项工程工程量清单综合单价分析表。

步骤四：填写分部分项工程工程量清单与计价表。

4.7.3　实战参考资料

所用参考资料如下。

1）《建设工程工程量清单计价标准》（GB/T 50500—2024）。

2）《房屋建筑与装饰工程工程量计算标准》（GB/T 50854—2024）。

3）《山西省建设工程计价依据　建筑工程预算定额》（2018）。

4）《山西省建设工程计价依据　装饰工程预算定额》（2018）。

5）《山西省建设工程计价依据　建设工程费用定额》（2018）。

4.7.4　项目提交与展示

项目提交与展示需要学生攻克难关完成项目设定的实战任务后，进行成果的提交与展示。

1．项目提交

1）分部分项工程工程量计算表（工程量计算书）。

2）分部分项工程工程量清单综合单价分析表。

3）分部分项工程工程量清单与计价表。

2．项目展示

项目展示包括 PPT 演示、清单计价文件的展示及问答等。要求学生用演讲的方式展示其语言表达能力，并展示其清单计价文件的编制能力。

学生自述 5min 左右，用 PPT 演示文稿，展示清单计价文件编制的方法及体会。通过教师提问考查学生编制清单计价文件的规范性和准确性。

能力 评价 墙、柱面工程计量与计价能力评价

项目评价需要专业指导教师和企业指导教师针对学生构造设计的过程、成果及答辩表现，综合评价并给出成绩。

1. 评价功能

1）检查学生项目实战的效果及学生观察问题、分析问题、应用专业知识解决实际问题的能力。

2）教师自检其选择的教学方法、手段、形式所得的成果。

2. 评价内容

1）工程量清单编制的准确性和完整性。

2）工程量计算的准确性。

3）定额套用和换算的掌握程度。

4）清单计价文件的规范性与完成情况。

5）对所提问题的回答是否充分及语言表达水平。

3. 成绩评定

总体评价参考比例标准：过程考核占 40%，成果考核占 40%，答辩占 20%。

项 目

△ **天棚工程计量与计价**

项目引入 通过对本项目的整体认识，形成天棚工程计量与计价的知识及技能体系。

▌**学习目标** 1. 掌握天棚工程的工程量计算过程。
2. 掌握天棚工程清单项目的计价过程。
3. 理解天棚工程中相应项目的工程量计算规则。

▌**能力要求** 1. 能进行天棚抹灰的计量与计价。
2. 能进行天棚吊顶的计量与计价。
3. 能进行天棚其他装饰的计量与计价。

▌**思政目标** 1. 培养勤于思考、善于总结、勇于创新的科学精神。
2. 培养专注、细致、严谨、负责的工作态度。

项目解析 在项目引入的基础上，专业指导教师针对学生的实际学习能力，对天棚工程中相关项目的计量与计价等进行解析，并结合工程实例、企业实际的工程项目任务，让学生获得相应的计量与计价知识。

5.1 项目概述：天棚工程计量与计价概述

1. 天棚的概念

天棚是室内空间上部通过采用各种材料及形式组合，形成的具有各种功能和美学目的的建筑装饰构件。天棚是构成室内空间的顶界面。

2. 天棚的作用

1）从空间、光影、材质等方面渲染室内环境，烘托气氛。

2）隐藏各种设备管道和装置，并便于安装和检修。

3）改善室内光环境、热环境及声环境。

3. 天棚的类型

天棚按饰面与基层的关系可归纳为直接式顶棚与悬吊式顶棚两大类。

（1）直接式顶棚

直接式顶棚是指在屋面板或楼板结构底面直接做饰面材料的顶棚。直接式顶棚按施工方法可分为直接式抹灰顶棚、直接喷刷式顶棚、直接粘贴式顶棚、直接固定装饰板顶棚及结构顶棚。

（2）悬吊式顶棚

悬吊式顶棚是指顶棚的装饰表面悬吊于屋面板或楼板下，并与屋面板或楼板留有一定距离的顶棚，俗称吊顶。悬吊式顶棚根据外观的不同，可分为平滑式顶棚、井格式顶棚、叠落式顶棚、悬浮式顶棚；根据龙骨材料的不同，可分为木龙骨悬吊式顶棚、轻钢龙骨悬吊式顶棚、铝合金龙骨悬吊式顶棚；根据饰面层和龙骨的关系不同，可分为活动装配式悬吊式顶棚、固定式悬吊式顶棚；根据顶棚结构层的显露状况不同，可分为开敞式悬吊式顶棚、封闭式悬吊式顶棚；根据顶棚面层材料的不同，可分为木质悬吊式顶棚、石膏板悬吊式顶棚、矿棉板悬吊式顶棚、金属板悬吊式顶棚、玻璃发光悬吊式顶棚、软质悬吊式顶棚；根据顶棚受力不同，可分为上人型悬吊式顶棚、不上人型悬吊式顶棚；根据施工工艺的不同，可分为暗龙骨悬吊式顶棚和明龙骨悬吊式顶棚。

4. 天棚的设计要求

1）满足安全使用要求。天棚的构造设计必须具有保障其安全使用的可靠技术措施。对于悬吊式顶棚，应保证结构与悬吊式顶棚之间的安全连接，对其安全度应进行结构验算。

2）满足各专业工种之间的设计要求。悬吊式顶棚内部空间较大，设施较多，宜设排风设施。悬吊式顶棚内部管道、管线、设施和器具较多，若需要进入检修人员，天棚的龙骨间则应铺马道，要设置便于人员进入的上人孔及马道等。

3）满足洁净要求。在天棚设计中，当遇到有洁净要求的空间时，天棚构造均应采取可靠严密的措施，表面要平整、光滑、不起尘。

4）满足保温、隔热要求。天棚内所填充的隔热、保温材料，不应受温度、湿度的影响而改变其理化性能，并造成环境污染。

5）满足防火要求。天棚设计应妥善处理装饰效果和防火安全的要求，应根据不同要求采用非燃烧体材料或难燃烧体材料。

6）满足防水要求。天棚设计应妥善处理装饰效果和防水的要求。

总之，只有把各项要求很好地结合起来，才能充分发挥天棚装饰的各种作用，给人们创造一个良好的室内天棚。

5.2 任务解析：天棚抹灰计量与计价

5.2.1　天棚抹灰的计量

微课：天棚抹灰计量

1. 清单计量规则

天棚抹灰按设计图示尺寸以水平投影面积计算。不扣除垛、柱、附墙烟囱、检查口和管道所占的面积，带梁天棚的梁两侧抹灰面积并入天棚面积。板式楼梯底面抹灰按斜面积计算，锯齿形楼梯底板抹灰按展开面积计算。

2. 定额计量规则

1）天棚抹灰面积，按主墙间的净面积计算，不扣除间壁墙、垛、柱、附墙烟囱及单个面积小于 $0.3m^2$ 的孔洞和检查口所占的面积。带梁天棚，梁侧面抹灰面积并入天棚抹灰工程量内计算。

2）密肋梁和井字梁天棚抹灰面积，按设计图示尺寸以展开面积计算。

3）天棚抹灰，如果带有装饰线，区别三道线以内或五道线以内，按设计图示尺寸以"延长米"计算，线角的道数以一个突出的棱角为一道线。天棚装饰线条示意图如图 5-2-1 所示。

4）檐口天棚的抹灰面积，并入相同的天棚抹灰工程量。

5）楼梯底面抹灰只包括踏步部分，与楼地面相连时，算至梯口梁内侧边沿；无梯口梁者，算至最上一层踏步边沿加 300mm。板式楼梯底面抹灰按斜面积计算，锯齿形楼梯底面抹灰按展开面积计算，二者均扣除楼梯井所占的面积。

6）阳台板、雨篷板底面抹灰按图示尺寸水平投影面积以"m^2"计算。带悬臂梁的，阳台工程量乘以系数 1.30；雨篷工程量乘以系数 1.20。

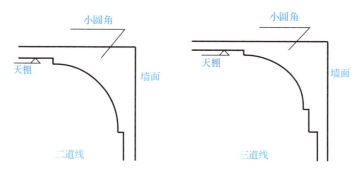

图 5-2-1　天棚装饰线条示意图

【例 5-1】某建筑天棚抹灰平面示意图如图 5-2-2 所示，墙厚 240mm；天棚基层类型为现浇钢筋混凝土板（其构造做法如表 5-2-1 所示），方柱尺寸为 400mm×400mm。试计算天棚抹灰的工程量。

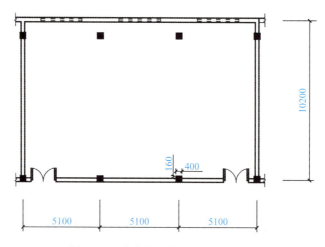

图 5-2-2　某建筑天棚抹灰平面示意图

表 5-2-1　水泥砂浆天棚构造做法

项目类型	构造做法
水泥砂浆天棚	5mm 厚 1∶2 水泥砂浆
	7mm 厚 1∶3 水泥砂浆
	现浇钢筋混凝土板

【解】

（1）计算工程量

天棚抹灰清单工程量=定额工程量=主墙间净面积

$$=(5.1×3-0.24)×(10.2-0.24)$$
$$≈150(m^2)$$

（2）编制该分项工程的工程量清单（表 5-2-2）

表 5-2-2　建筑装饰装修工程分部分项工程工程量清单与计价表

序号	项目编码	项目名称	项目特征描述	计量单位	工程量	金额/元		
						综合单价	合价	其中暂估价
1	011301001001	水泥砂浆天棚	1. 5mm 厚 1：2 水泥砂浆； 2. 7mm 厚 1：3 水泥砂浆； 3. 现浇钢筋混凝土板	m²	150			

5.2.2　天棚抹灰的计价

【例 5-2】试根据例 5-1 编制的工程量清单，编制计算该天棚抹灰的综合单价分析表和分部分项工程量清单与计价表。

【解】

（1）综合单价的计算

$$天棚抹灰的数量=150÷150÷100=0.01$$
$$清单项目综合单价=34.49(元)$$
$$分部分项工程费=\sum(分部分项清单项目工程量×相应清单项目综合单价)$$
$$=150×34.49=5173.5(元)$$

（2）填写分部分项工程工程量清单综合单价分析表（表 5-2-3）和分部分项工程工程量清单与计价表（表 5-2-4）

表 5-2-3　建筑装饰装修工程分部分项工程工程量清单综合单价分析表

项目编码	011301001001		项目名称	水泥砂浆天棚	计量单位	m²	工程量	150

清单综合单价组成明细

定额编号	定额项目名称	定额单位	数量	单价/元				合价/元			
				人工费	材料费	机械使用费	管理费和利润	人工费	材料费	机械使用费	管理费和利润
B3-1	水泥砂浆天棚	100m²	0.01	2626.40	296.68	26.63	499.02	26.26	2.97	0.27	4.99
小计								26.26	2.97	0.27	4.99
未计价材料费											
清单项目综合单价								34.49			

注：人工单价为 140 元/工日。

表 5-2-4　建筑装饰装修工程分部分项工程工程量清单与计价表

序号	项目编码	项目名称	项目特征描述	计量单位	工程量	金额/元	
						综合单价	合价
1	011301001001	水泥砂浆天棚	1. 5mm 厚 1：2 水泥砂浆； 2. 7mm 厚 1：3 水泥砂浆； 3. 现浇钢筋混凝土板	m²	150	34.49	5173.5

5.3 任务解析：天棚吊顶计量与计价

5.3.1 天棚吊顶的计量

1. 清单计量规则

（1）平面吊顶天棚

平面吊顶天棚按设计图示尺寸以水平投影面积计算。扣除与天棚相连的窗帘盒所占的面积；不扣除检查口、附墙烟囱、柱垛以及单个面积≤0.3m²的独立柱、孔洞所占面积。

（2）跌级吊顶天棚、艺术造型天棚

跌级吊顶天棚、艺术造型天棚按设计图示尺寸以水平投影面积计算。天棚面中的灯槽及跌级天棚面积不展开计算。扣除与天棚相连的窗帘盒所占面积；不扣除检查口、附墙烟囱、柱垛以及单个面积≤0.3m²的独立柱、孔洞所占面积。

（3）其他吊顶

格栅吊顶、吊筒吊顶、藤条造型悬挂吊顶、织物软雕吊顶、装饰网架吊顶按设计图示尺寸以水平投影面积计算。

2. 定额计量规则

1）平面吊顶龙骨按设计图示尺寸水平投影面积以"m²"或按设计尺寸乘以理论单位质量以"t"计，不扣除间壁墙、检查口、附墙烟囱、附墙垛、附墙柱和管道所占面积。

2）跌级造型吊顶龙骨分别按平面吊顶龙骨和跌级龙骨计算。跌级龙骨以1个阳角为一跌级，按设计图示尺寸以"延长米"计算。

3）拱廊形、穹隆形吊顶木龙骨按设计图示饰面外围尺寸展开面积以"m²"计算。

4）网架天棚龙骨按设计图示尺寸水平投影面积以"m²"计算或按设计图示尺寸乘以理论单位质量以"t"计算。

5）天棚上人马道按设计图示尺寸以"m"计算。

6）平面天棚基层、面层按设计图示尺寸水平投影面积以"m²"计算，不扣除间壁墙、检查口和单个面积在0.3m²以内的柱、垛、空洞所占面积，扣除与天棚相连的窗帘盒面积。

7）折线、跌线造型、拱廊形、穹隆形、高低灯槽及其他艺术形式等的天棚基层、面层，均按设计图示尺寸展开面积以"m²"计算，不扣除间壁墙、检查口和单个面积在0.3m²以内的空洞所占面积，扣除与天棚相连的窗帘盒面积。

8）PVC（polyvinyl chloride，聚氯乙烯）复合板吊顶按设计图示尺寸水平投影面积以"m²"计算，不扣除间壁墙、检查口和单个面积在0.3m²以内的柱、垛、孔洞所占面积。

9）格栅吊顶、藤条造型悬挂吊顶、吊筒式吊顶按设计图示尺寸水平投影面积以"m²"计算。

10）采光天棚按设计图示饰面外围尺寸展开面积以"m²"计算。采光雨篷按设计图示尺寸水平投影面积以"m²"计算。

【例 5-3】某客厅天棚吊顶示意图如图 5-3-1 所示，该天棚吊顶为不上人型轻钢龙骨石膏板吊顶（构造做法如表 5-3-1 所示）。试计算天棚的清单工程量及所包含的定额项目工程量，并编制其工程量清单。

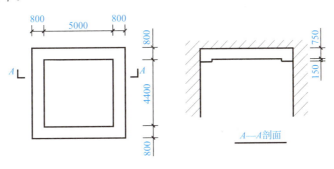

图 5-3-1 某客厅天棚吊顶示意图

表 5-3-1 轻钢龙骨纸面石膏板吊顶构造做法

项目名称	构造做法
轻钢龙骨纸面石膏板吊顶	跌级造型龙骨吊顶：次龙骨间距 400mm×400mm，不上人型
	9mm 厚 1200mm×3000mm 纸面石膏板
	刮腻子，刷乳胶漆

【解】

（1）计算工程量

1）清单工程量的计算。

天棚吊顶清单工程量=水平投影面积=(4.4+1.6)×(5.0+1.6)=39.6(m²)

2）定额工程量的计算。

平面吊顶龙骨的工程量=主墙间的面积=39.6(m²)

跌级龙骨的工程量=(5+4.4)×2=18.8(m)

纸面石膏板基层板=展开面积=39.6+18.8×0.15=42.42(m²)

面层刷乳胶漆=展开面积=42.42(m²)

（2）编制该分项工程的工程量清单（表 5-3-2）

表 5-3-2 建筑装饰装修工程分部分项工程工程量清单与计价表

序号	项目编码	项目名称	项目特征描述	计量单位	工程量	金额/元	
						综合单价	合价
1	011302002001	轻钢龙骨纸面石膏板吊顶	1. 不上人型跌级造型龙骨吊顶：双层龙骨间距 400mm×400mm； 2. 9mm 厚 1200mm×3000mm 纸面石膏板； 3. 刮腻子，刷乳胶漆	m²	39.6		

5.3.2 天棚吊顶的计价

计算分部分项工程清单项目费用，应先计算并填写分部分项工程工程量清单综合单价分析表，再计算该分项工程的费用，并填入分部分项工程工程量清单与计价表中。

【例 5-4】 试根据例 5-3 编制的工程量清单，编制计算该天棚吊顶的综合单价分析表并编制分部分项工程工程量清单与计价表。

【解】

（1）综合单价的计算

$$平面吊顶龙骨的数量=39.6÷39.6÷100=0.01$$
$$跌级龙骨的数量=18.8÷39.6÷100≈0.0005$$
$$纸面石膏板基层板的数量=42.42÷39.6÷100≈0.0107$$
$$面层刷乳胶漆的数量=0.0107$$
$$天棚基层板胶带纸的数量=纸面石膏板基层板=0.0107$$
$$清单项目综合单价=102.91(元)$$
$$分部分项工程费=\sum(分部分项清单项目工程量×相应清单项目综合单价)$$
$$=39.6×102.91≈4075.24(元)$$

（2）填写分部分项工程工程量清单综合单价分析表（表 5-3-3）和分部分项工程工程量清单与计价表（表 5-3-4）

表 5-3-3　建筑装饰装修工程分部分项工程工程量清单综合单价分析表

项目编码	011302002001	项目名称	天棚吊顶	计量单位	m²	工程量	39.6

清单综合单价组成明细												
定额编号	定额项目名称	定额单位	数量	单价/元				合价/元			
				人工费	材料费	机械使用费	管理费和利润	人工费	材料费	机械使用费	管理费和利润
B3-24	轻钢跌级龙骨	100m	0.005	579.60	857.36	6.77	110.12	2.90	4.29	0.03	0.55
B3-20	轻钢平面龙骨	100m²	0.01	2226.00	1751.10	8.70	422.94	22.26	17.51	0.09	4.23
B3-70	纸面石膏板基层板	100m²	0.0107	1293.60	953.73	0	245.78	13.84	10.20	0	2.63
B5-216	面层乳胶漆	100m²	0.0107	1436.40	569.20	0	272.92	15.37	6.09	0	2.92
小计								54.37	38.09	0.12	10.33
未计价材料费											
清单项目综合单价								102.91			

注：人工单价为 140 元/工日。

表 5-3-4　建筑装饰装修工程分部分项工程工程量清单与计价表

序号	项目编码	项目名称	项目特征描述	计量单位	工程量	金额/元	
						综合单价	合价
1	011302002001	轻钢龙骨纸面石膏板吊顶	1. 跌级造型龙骨吊顶：次龙骨间距 400mm×400mm，不上人型； 2. 9mm 厚 1200mm×3000mm 纸面石膏板； 3. 刮腻子，刷乳胶漆	m²	39.6	102.91	4075.24

5.4 任务解析：天棚其他装饰计量与计价

5.4.1　天棚其他装饰的计量

1. 清单工程量

1）成品装饰带按设计图示尺寸以中心线长度计算。

2）成品装饰口按设计图示数量计算。

3）挡烟垂壁按设计图示尺寸以面积计算。

4）块料梁面按设计图示镶贴后表面积计算。

5）装饰板梁面按设计图示饰面外围尺寸面积计算。

2. 定额工程量

1）嵌入式灯槽口、风口周边龙骨按设计图示尺寸灯槽口、风口周长以"m"计算。

2）嵌入式灯孔开口成形孔洞数量以"个"计算。

3）灯带按设计图示饰面外围尺寸展开面积以"m²"计算。

4）送风口、回风口按设计图示数量以"个"计算。

【例 5-5】某厨房天棚示意图如图 5-4-1 所示，该天棚为铝合金扣板吊顶，面层为 0.8mm 银白色铝合金扣板，龙骨采用轻型铝合金条形板龙骨，风口为方形铝合金。试计算天棚的清单工程量及所包含的定额项目工程量，并编制其工程量清单。

图 5-4-1　某厨房天棚示意图

【解】

（1）计算工程量

1）清单工程量计算。

$$天棚吊顶清单工程量=水平投影面积=3.6×2.06≈7.42(m^2)$$

$$风口清单工程量=风口的数量=2(个)$$

2）定额工程量——天棚吊顶定额工程量计算。

$$铝合金条形板龙骨的工程量=主墙间的面积=7.42(m^2)$$

$$铝合金扣板的工程量=7.42(m^2)$$

$$风口定额工程量=2(个)$$

$$风口周边龙骨工程量=0.3×4×2=2.4(m)$$

（2）编制该分项工程的工程量清单（表 5-4-1）

表 5-4-1　建筑装饰装修工程分部分项工程工程量清单与计价表

序号	项目编码	项目名称	项目特征描述	计量单位	工程量	金额/元		
						综合单价	合价	其中暂估价
1	011302001001	铝合金扣板吊顶	1. 面层为 0.8mm 银白色铝合金扣板 2. 龙骨采用轻型铝合金条形板龙骨	m^2	7.42			
2	011303002001	风口	300mm×300mm 方形铝合金风口	个	2			

5.4.2　天棚其他装饰的计价

计算分部分项工程清单项目费用，应先计算并填写分部分项工程工程量清单综合单价分析表，再计算该分项工程的费用，并填入分部分项工程工程量清单与计价表中。

【例 5-6】试根据例 5-5 编制的工程量清单，编制计算该天棚吊顶的综合单价分析表并编制分部分项工程工程量清单与计价表。

【解】

（1）综合单价的计算

1）天棚吊顶数量计算。

$$铝合金条形板龙骨的数量=主墙间的面积=7.42÷7.42÷100=0.01$$

$$铝合金扣板的数量=7.42÷7.42÷100=0.01$$

$$风口的数量=2÷2÷100=0.01$$

$$风口周边龙骨工程量=2.4÷2÷100=0.012$$

2）清单项目综合单价计算。

$$天棚吊顶综合单价=185.14(元)$$

$$风口综合单价=33.1(元)$$

3）分部分项工程费计算。

$$天棚吊顶费用=7.42×185.15≈1373.74(元)$$

$$风口费用=2×16.55=33.1(元)$$

（2）填写分部分项工程工程量清单综合单价分析表（一）和清单综合单价分析表（二）（表 5-4-2 和表 5-4-3）和分部分项工程工程量清单与计价表（表 5-4-4）

表 5-4-2　建筑装饰装修工程分部分项工程工程量清单综合单价分析表（一）

项目编码	011302001001	项目名称	铝合金扣板天棚	计量单位	m²	工程量	7.42

清单综合单价组成明细

定额编号	定额项目名称	定额单位	数量	单价/元				合价/元			
				人工费	材料费	机械使用费	管理费和利润	人工费	材料费	机械使用费	管理费和利润
B3-55	轻型铝合金条形板龙骨（单层）	100m²	0.01	1449.00	490.17	8.70	275.31	14.49	4.90	0.09	2.75
B3-81	条形铝合金扣板	100m²	0.01	1360.80	9270.69	0	258.55	13.61	92.71	0	2.59
小计								28.1	97.61	0.09	5.34
未计价材料费											
清单项目综合单价								185.14			

注：人工单价为 140 元/工日。

表 5-4-3　建筑装饰装修工程分部分项工程工程量清单综合单价分析表（二）

项目编码	011303002001	项目名称	天棚风口	计量单位	个	工程量	2

清单综合单价组成明细

定额编号	定额项目名称	定额单位	数量	单价/元				合价/元			
				人工费	材料费	机械使用费	管理费和利润	人工费	材料费	机械使用费	管理费和利润
B3-120	风口	100 个	0.01	938.00	0	0	178.22	9.38	0	0	1.78
B3-118	风口周边龙骨	100m	0.012	170.80	245.74	0	32.45	2.05	2.95	0	0.39
小计								11.43	2.95	0	2.17
未计价材料费											
清单项目综合单价								16.55			

注：人工单价为 140 元/工日。

表 5-4-4　建筑装饰装修工程分部分项工程工程量清单与计价表

序号	项目编码	项目名称	项目特征描述	计量单位	工程量	金额/元		
						综合单价	合价	其中暂估价
1	011302001001	铝合金扣板吊顶	1. 面层为 0.8mm 银白色铝合金扣板； 2. 龙骨采用轻型铝合金条形板龙骨	m²	7.42	185.14	1373.74	
2	011303002001	风口	300mm×300mm 方形铝合金风口	个	2	16.55	33.1	

5.5 综合实战：某室内设计样板间天棚工程计量与计价

5.5.1 任务分析

某室内设计样板间的天棚示意图及相关节点详图如图 5-5-1 和图 5-5-2 及图 4-7-9 所示。

1. 实战目标

掌握建筑装饰装修工程计价文件的编制方法及程序，能够熟练地计算天棚工程的工程量和准确地分析计算分项工程的综合单价，并完整计算天棚工程的费用。全面了解建筑装饰装修工程造价的计量和计价的全过程。

2. 实战内容及深度

1）根据提供的装饰施工图纸，进行工程量计算，套用消耗量定额、取费标准，计算天棚工程的造价等工作，并根据完成的老人房、主卧卫生间、主卧衣帽间的天棚工程量，计算天棚工程造价。

2）工程采用总承包形式。相关费率按《山西省建设工程计价依据 建设工程费用定额》（2018）取定。

5.5.2 实战主要步骤

步骤一：熟悉施工图纸，了解设计意图和工程全貌，以便正确计算工程量。

步骤二：按照现行工程量计算规范、预算定额工程量计算规则，结合给定的图纸，确定工程项目，做到不漏项、不缺项。确定工程项目计算工程量。

步骤三：套用山西省预算定额，填写分部分项工程工程量清单综合单价分析表。

步骤四：填写分部分项工程工程量清单与计价表。

5.5.3 实战参考资料

所用的参考资料如下。

1）《建设工程工程量清单计价标准》（GB/T 50500—2024）。

2）《房屋建筑与装饰工程工程量计算标准》（GB/T 50854—2024）。

3）《山西省建设工程计价依据 建筑工程预算定额》（2018）。

4）《山西省建设工程计价依据 装饰工程预算定额》（2018）。

5）《山西省建设工程计价依据 建设工程费用定额》（2018）。

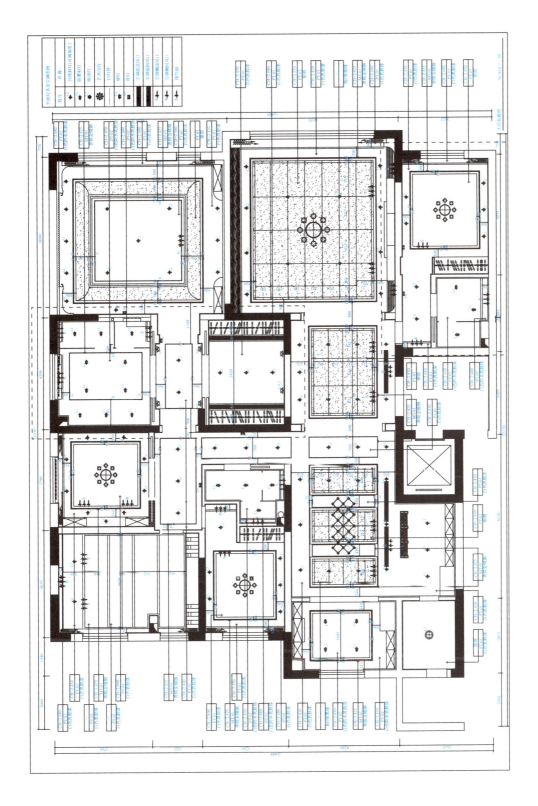

图 5-5-1　天花布置图

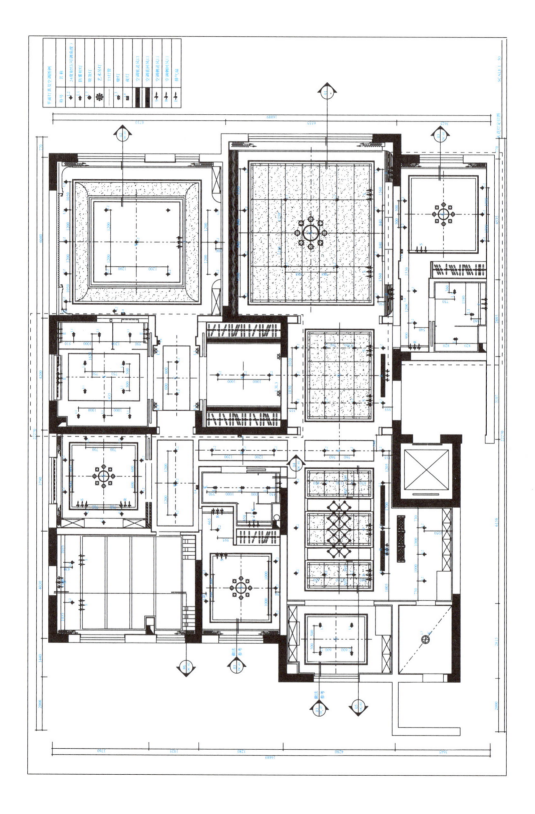

图 5-5-2 天花灯定位图

5.5.4　项目提交与展示

项目提交与展示需要学生攻克难关完成项目设定的实战任务后，进行成果的提交与展示。

1. 项目提交

1）分部分项工程工程量计算表（工程量计算书）。
2）分部分项工程工程量清单综合单价分析表。
3）分部分项工程工程量清单与计价表。

2. 项目展示

项目展示包括 PPT 演示、清单计价文件的展示及问答等。要求学生用演讲的方式展示其语言表达能力，并展示其清单计价文件的编制能力。

学生自述 5min 左右，用 PPT 演示文稿，展示其清单计价文件编制的方法及体会。通过教师提高考查学生编制清单计价文件的规范性和准确性。

能力 评价　天棚工程计量与计价能力评价

项目评价需要专业指导教师和企业指导教师针对学生构造设计的过程、成果及答辩表现，综合评价并给出成绩。

1. 评价功能

1）检查学生项目实战的效果及学生观察问题、分析问题、应用专业知识解决实际问题的能力。
2）教师自检其选择的教学方法、手段、形式所得的成果。

2. 评价内容

1）工程量清单编制的准确性和完整性。
2）工程量计算的准确性。
3）定额套用和换算的掌握程度。
4）清单计价文件的规范性与完成情况。
5）对所提问题的回答是否充分及语言表达水平。

3. 成绩评定

总体评价参考比例标准：过程考核占 40%，成果考核占 40%，答辩占 20%。

项目 6

门窗工程计量与计价

项目引入 通过对本项目的整体认识，形成门窗工程计量与计价的知识及技能体系。

▮学习目标 1. 掌握门窗工程的工程量计算过程。
2. 掌握门窗工程清单项目的计价过程。
3. 理解门窗工程中相应项目的工程量计算规则。

▮能力要求 1. 能进行门窗的计量与计价。
2. 能进行门窗其他装饰的计量与计价。

▮思政目标 1. 培养遵规守纪、认真负责、严于律己的职业精神。
2. 提升数学思维，善于利用数学知识解决计量与计价问题。

项目解析 在项目引入的基础上，专业指导教师针对学生的实际学习能力对门窗项目的计量与计价等进行解析，并结合工程实例、企业真实的工程项目任务，让学生获得相应的计量与计价知识。

6.1　项目概述：门窗工程计量与计价概述

6.1.1　门窗的分类

1. 按不同材质分类

按材质不同，门窗可分为木门窗、铝合金门窗、钢门窗、塑料门窗、全玻璃门窗、复合门窗、特殊门窗等。

2. 按不同功能分类

按功能不同，门窗可分为普通门窗、保温门窗、隔声门窗、防火门窗、防盗门窗、防爆门窗、装饰门窗、安全门窗、自动门窗等。

3. 按不同结构分类

按结构不同，门窗可分为推拉门窗、平开门窗、弹簧门窗、旋转门窗、折叠门窗、卷帘门窗、自动门窗等。

4. 按不同镶嵌材料分类

按镶嵌材料不同，窗可分为玻璃窗、纱窗、百叶窗、保温窗、防风沙窗等。

6.1.2　门窗的组成

1. 门的组成

1）门一般由门框（门樘）、门扇、五金零件及其他附件组成。门框一般由边框和上框组成，但是当门框高度大于 2400mm 时，在门扇上部可加设亮子，并且须在门框上增加中横框。当门宽度大于 2100mm 时，须增设一根中竖框。有保温、防水、防风、防沙和隔声要求的门应设下槛。

2）门扇一般由上冒头、中冒头、下冒头、边梃、门芯板、玻璃、百叶等组成。

2. 窗的组成

窗由窗框（窗樘）、窗扇、五金零件等组成。窗框由边框、上框、中横框、中竖框等组成，窗扇由上冒头、下冒头、边梃、窗芯子、玻璃等组成。

6.1.3　门窗制作与安装的要求

1. 门窗的制作

门窗制作的关键在于门窗框和扇的制作。对于矩形门窗，要掌握纵向通长、横向截断的

167

原则；对于其他形状门窗，一般应当需要放大样，所有杆件应留足加工余量。另外，在组装时要保证各杆件在同一平面内，矩形对角线相等，其他形状应与大样重合。同时，要保证各杆件的连接强度，留好扇与框之间的配合余量和框与洞的间隙余量。

2. 门窗的安装

门窗所有构件要确保安装在同一平面内，而且同一立面上的门窗也必须在同一平面内，特别是外立面，如果不在同一平面，就会造成出进不一、颜色不一致、立面失去美观等问题。门窗框与洞口墙体之间的连接必须牢靠，且门窗框不得发生变形，这也是密封的保证。门窗框与门窗扇之间的连接必须保证开启灵活、密封，搭接量不小于设计量的80%。

3. 防水处理

门窗的防水处理，应先加强缝隙的密封，然后再打防水胶防水，阻断渗水的通路；同时做好排水通路，以防在长期静水的渗透压力作用下破坏密封防水材料。门窗框与墙体是两种不同材料的连接，因此必须做好缓冲防变形的处理，以免产生裂缝而渗水。一般在门窗框与墙体之间填充缓冲材料，材料要做好防腐处理。

6.2 任务解析：门窗的计量与计价

6.2.1 门窗的计量

1. 清单计量规则

微课：门窗计量

（1）门

1）木门、金属门、金属卷帘（闸）门、厂库房大门（木板大门、钢木大门、全钢板大门）、特种门和其他门（全玻自由门、不锈钢饰面门、复合材料门）以"m²"计量，按设计图示洞口尺寸以面积计算。

2）防护钢丝门、金属格栅门、钢制花饰大门，以"樘"计量，按设计图示门框尺寸以面积计算。无门框时以扇面积计算。

3）电子感应门、电动旋转门、电动伸缩门，以"套"计量，按设计图示数量计算。

4）木门框，以"m"计量，按设计图示尺寸以框中心线长度计算。

5）门锁安装，以"套"计量，按设计图示数量计算。

（2）窗

1）木质窗、金属（塑钢）窗、金属防火窗、金属百叶窗、金属格栅窗、彩板窗、复合材料窗以"m²"计量，按设计图示洞口尺寸以面积计算。

2）木飘（凸）窗、木橱窗、金属（塑钢）橱窗、金属（塑钢）飘（凸）窗，以"m²"计量，按设计图示洞口尺寸以框外围展开面积计算。

3）木纱窗、金属纱窗，以"m²"计量，按框的外围尺寸以面积计算。

2．定额计量规则

（1）木门窗工程

1）各类木门、窗制作和安装均按门、窗洞口面积以"m²"计算。

2）普通窗上半部带有半圆的，工程量以半圆窗和普通窗的相应定额计算。半圆部分的工程量以窗下部普通部分和上部半圆部分之间横框上的裁口线为分界线。

3）门、窗扇包镀锌铁皮时，按设计图示门、窗扇外围尺寸单面面积以"m²"计算；门、窗框包镀锌铁皮、钉橡胶条、钉毛毡按设计图示门、窗洞口尺寸以"延长米"计算。

4）进框式、靠框式组合窗按天窗全中悬定额项目计算。

5）木门联窗按门和窗的洞口面积之和计算。

6）定额中的门框料按无下槛计算，如设计有下槛时，按相应"门下槛"定额执行，其工程量按门框外围宽度以"延长米"计算。

7）纱门（窗）扇按扇外围面积以"m²"计算。

（2）钢门窗制作安装

1）普通钢门（窗）制作和安装按设计图示门（窗）洞口面积以"m²"计算。

2）普通钢门（窗）安装玻璃按门窗框外围面积以"m²"计算，钢门窗只有部分安装玻璃时，按安装玻璃的框外围面积以"m²"计算。

（3）装饰门扇制作安装

1）木门扇制作和安装按扇外围尺寸单面面积以"m²"计算。

2）成品门扇安装按扇外围尺寸单面面积以"m²"计算。

3）成品套装门安装按设计图示门洞口面积以"m²"计算。

（4）全玻璃门（扇）制作、安装

1）全玻璃全框（不锈钢框）门、全玻璃无框（条形门夹）门的制作和安装按设计图示尺寸门洞口面积以"m²"计算。

2）全玻璃无框（点式门夹）门扇的制作和安装按扇面积以"m²"计算。

（5）落地固定窗制作、安装

1）落地固定窗封边按设计图示饰面外围尺寸展开面积以"m²"计算。

2）落地固定窗玻璃安装按封边框内边缘尺寸以"m²"计算。

3）玻璃肋安装按肋的面积以"m²"计算。

4）玻璃磨边以"延长米"计算。

（6）成品门窗安装

1）铝合金成品（飘窗、阳台封闭除外）、塑钢门窗（阳台封闭除外）安装均按设计图示门、窗洞口面积以"m²"计算。

2）飘窗、阳台封闭按设计框型材中心线尺寸展开面积以"m²"计算。

3）纱扇按扇外围面积以"m²"计算。

4）卷闸门窗安装按面积以"m²"计算。如卷闸安装在门窗洞口内侧，宽度按设计图示宽度，高度按设计图示高度加 600mm。

5）防火门、防盗门窗安装按门、窗框外围面积以"m²"计算。

6）彩板钢门窗安装按设计图示门、窗洞口面积以"m²"计算。彩钢板门窗附框按"延长米"计算。

（7）门钢架制作、安装

1）门钢架制作安装按质量以"t"计算。

2）门钢架基层、面层按饰面外围尺寸展开面积以"m²"计算。

【例6-1】图6-2-1所示为带半圆窗示意图，试计算图6-2-1所示木窗的清单工程量及所包含的定额项目工程量，并编制其工程量清单。

【解】

（1）计算工程量

1）清单工程量的计算。

木窗的清单工程量=半圆窗面积+普通矩形窗面积

$$= \frac{\pi D^2}{8} + D \times h$$

$$\approx 0.88 + 2.1 = 2.98 (m^2)$$

式中：D——普通矩形窗宽度，即半圆窗直径（m）；

h——普通窗高度（m）。

2）定额工程量的计算。

半圆窗面积=0.88(m²)

普通矩形窗面积=2.1(m²)

（2）编制该分项工程的工程量清单（表6-2-1）

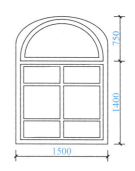

图6-2-1 带半圆窗示意图

表6-2-1 建筑装饰装修工程分部分项工程工程量清单与计价表

序号	项目编码	项目名称	项目特征描述	计量单位	工程量	金额/元		
						综合单价	合价	其中暂估价
1	010806001001	木窗	带半圆窗，上半圆窗半径为750mm，矩形窗部分尺寸为1500mm×1400mm	m²	2.98			

【例6-2】某单位车库平面示意图如图6-2-2所示，安装遥控电动铝合金卷闸门（带卷筒罩）3樘。门洞口尺寸为3700mm×3300mm，卷闸门上有一活动小门，其尺寸为750mm×2000mm。试计算该车库卷闸门清单工程量及所包含的定额项目工程量，并编制其工程量清单。

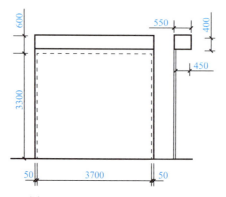

图6-2-2 某单位车库平面示意图

【解】

（1）计算工程量

1）清单工程量的计算。

$$金属卷闸门工程量=门洞口面积=3.7×3.3×3=36.63(m^2)$$

2）定额工程量的计算。

$$铝合金卷闸门=(3.7+0.1)×(3.3+0.6)=14.82(m^2)$$

（2）编制该分项工程的工程量清单（表6-2-2）

表6-2-2　建筑装饰装修工程分部分项工程工程量清单与计价表

序号	项目编码	项目名称	项目特征描述	计量单位	工程量	金额/元		
						综合单价	合价	其中暂估价
1	010803001001	铝合金卷闸门（带卷筒罩）	1. 铝合金卷闸门，带卷筒罩； 2. 门洞口尺寸为3700mm×3300mm	m²	36.63			

【例6-3】某家庭套房平面图如图6-2-3所示。门M-1为防盗门（居中立樘），门M-2、门M-5的门扇为实木镶板门扇（凹凸型），门M-3、门M-4为塑钢推拉。M-1尺寸为800mm×2000mm；M-2尺寸为800mm×2000mm；M-3尺寸为1200mm×2000mm；M-4尺寸为1500mm×2000mm；M-5尺寸为750mm×2000mm。实木门框断面50mm×100mm。试计算各门的清单工程量及所包含的定额项目工程量，并编制其工程量清单。

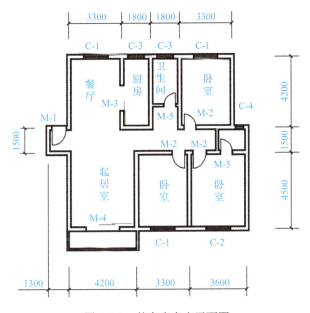

图6-2-3　某家庭套房平面图

【解】

（1）计算工程量

在本项目工程中，清单工程量等于定额工程量。

1）防盗门 M-1 的清单工程量=0.8×2=1.6(m²)。

2）门 M-2 的清单工程量=0.8×2×3=4.8(m²)。

3）门 M-3 的清单工程量=1.2×2=2.4(m²)。

4）门 M-4 的清单工程量=1.5×2=3(m²)。

5）门 M-5 的清单工程量=0.75×2×2=3(m²)。

（2）编制该分项工程的工程量清单（表6-2-3）

表6-2-3 建筑装饰装修工程分部分项工程工程量清单与计价表

序号	项目编码	项目名称	项目特征描述	计量单位	工程量	金额/元		
						综合单价	合价	其中暂估价
1	010802003001	防盗门 M-1	防盗门 M-1：800mm×2000mm	m²	1.6			
2	010801001001	门 M-2	实木镶板门 M-2：800mm×2000mm	m²	4.8			
3	010802001001	门 M-3	塑钢推拉门 M-3：1200mm×2000mm	m²	2.4			
4	010802001002	门 M-4	塑钢推拉门 M-4：1500mm×2000mm	m²	3			
5	010801001002	门 M-5	实木镶板门 M-5：750mm×2000mm	m²	3			

6.2.2 门窗的计价

计算分部分项工程清单项目费用，应先计算并填写分部分项工程工程量清单综合单价分析表，再计算该分项工程的费用，并填入分部分项工程工程量清单与计价表中。

【例6-4】试根据例6-2编制的工程量清单，编制其综合单价分析表及分部分项工程工程量清单与计价表。

【解】

（1）综合单价的计算

$$金属卷闸门数量=36.63÷36.63÷100=0.01$$
$$电动装置数量=3÷36.63≈0.082$$
$$金属卷闸门综合单价=334.04(元)$$
$$金属卷闸门费用=36.63×334.04≈12235.89(元)$$

（2）填写分部分项工程工程量清单综合单价分析表（表 6-2-4）和分部分项工程工程量清单与计价表（表 6-2-5）

表 6-2-4　建筑装饰装修工程分部分项工程工程量清单综合单价分析表

项目编码	010803001001	项目名称	铝合金卷闸门	计量单位	m²	工程量	36.63

清单综合单价组成明细

定额编号	定额项目名称	定额单位	数量	单价/元				合价/元			
				人工费	材料费	机械使用费	管理费和利润	人工费	材料费	机械使用费	管理费和利润
B4-33	铝合金卷闸门	100m²	0.01	6993.00	10445.41	61.84	1328.67	69.93	104.45	0.62	13.29
B4-36	电动装置	套	0.082	338.80	1355.20	19.08	64.37	27.78	111.13	1.56	5.28
小计								97.71	215.58	2.18	18.57
未计价材料费											
清单项目综合单价								334.04			

注：人工单价为 140 元/工日。

表 6-2-5　建筑装饰装修工程分部分项工程工程量清单与计价表

序号	项目编码	项目名称	项目特征描述	计量单位	工程量	综合单价	合价	其中暂估价
1	010803001001	铝合金卷闸门（带卷筒罩）	1. 铝合金卷闸门，带卷筒罩；2. 门洞口尺寸为3700mm×3300mm	m²	36.63	334.04	12235.89	

6.3 任务解析：门窗其他装饰计量与计价

6.3.1 门窗其他装饰的计量

1. 清单计量规则

1）门窗套以"m²"计量，按设计图示尺寸以展开面积计算。
2）窗台板以"m²"计量，按设计图示尺寸以展开面积计算。
3）窗帘以"m²"计量，按设计窗帘覆盖面积计算。
4）窗帘盒、轨以"m²"计量，按设计图示尺寸以长度计算。

2. 定额计量规则

1）门窗套（筒子板）龙骨、面层、基层均按设计饰面外围尺寸展开面积以"m²"计算。
2）成品木质门窗套按设计图示饰面外围尺寸展开面积以"m²"计算。
3）窗台板按设计图示长度乘以宽度以"m²"计算，图纸未注明尺寸的，长度按窗框的外围宽度两边共加 100mm 计算，凸出墙面的宽度按墙面外加 50mm 计算。

4）窗帘盒、窗帘轨按设计图示尺寸以"m"计算。

5）窗帘帷幕板按设计图示尺寸单面面积以"m²"计算，伸入天棚内的面积与露明面积合并计算。

6）布窗帘头设计尺寸成活后展开面积以"m²"计算，扉子边按设计尺寸成活后展开长度以"延长米"计算。百叶帘、卷帘按设计窗帘宽度乘以高度以"m²"计算。

【例 6-5】图 6-3-1 所示为某起居室的门洞，其尺寸为 2940mm×1970mm，为其设计做门套装饰。筒子板构造：细木工板基层，柚木装饰面层，厚 30mm。筒子板宽 300mm；贴脸构造：80mm 宽柚木装饰线脚。试计算筒子板、贴脸的清单工程量。

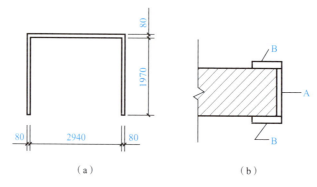

（a）   （b）

图 6-3-1　某起居室的门洞

【解】

（1）计算工程量

木门套清单工程量=定额工程量=(1.97×2+2.94)×0.3+(1.97×2+2.94+0.08×2)×0.08

=2.06+0.56

=2.62(m²)

（2）编制该分项工程的工程量清单（表 6-3-1）

表 6-3-1　建筑装饰装修工程分部分项工程工程量清单与计价表

项目编码	项目名称	项目特征描述	计量单位	工程量	金额/元		
					综合单价	合价	其中暂估价
010808001001	木门套	1. 筒子板宽 300mm，厚 30mm； 2. 80mm 宽柚木装饰线脚 3. 细木工板基层； 4. 柚木装饰面层	m²	2.06			

【例 6-6】某木窗台板如图 6-3-2 所示。门洞尺寸为 1500mm×1800mm，塑钢窗居中立樘。试计算窗台板清单工程量及所包含的定额项目工程量，并编制其工程量清单。

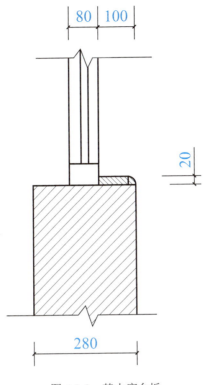

图 6-3-2　某木窗台板

【解】

（1）计算工程量

$$窗台板清单工程量=1.5×0.1=0.15(m^2)$$

$$窗台板定额工程量=窗台板面宽×进深=(1.5+0.1)×0.1=0.16(m^2)$$

（2）编制该分项工程的工程量清单（表 6-3-2）

表 6-3-2　建筑装饰装修工程分部分项工程工程量清单与计价表

序号	项目编码	项目名称	项目特征描述	计量单位	工程量	金额/元		
						综合单价	合价	其中暂估价
1	010809001001	木窗台板	1. 木龙骨基层板； 2. 柚木胶合板面层	m²	0.15			

【例 6-7】某门窗工程如图 6-3-3 所示（图示尺寸为洞口尺寸），门为无亮单扇杉木无纱镶板门（30 樘）和无亮双扇杉木无纱镶板门（20 樘），各门均安装普通门锁，木门用普通杉木贴面（单面），贴面宽度为 100mm，刷底漆一遍、调和漆两遍。窗均为铝合金推拉窗（90 系列）共 45 樘。试计算门窗工程的清单工程量及所包含的定额项目工程量，并编制其工程量清单。

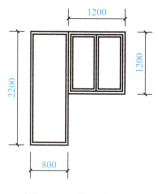

图 6-3-3　某门窗工程

【解】

（1）计算工程量

该工程的清单工程量等于定额工程量。

镶板木门（单扇无纱）工程量=30×(0.8×2.2)=30×1.76=52.8(m²)

镶板木门（双扇无纱）工程量=20×(0.8×2.2)=20×1.76=35.2(m²)

铝合金窗工程量=45×(1.2×1.2)=45×1.44=64.8(m²)

木门贴脸工程量=(2.2×2+0.8)×0.1=0.52(m²)

（2）编制该项目工程的工程量清单（表 6-3-3）

表 6-3-3　建筑装饰装修工程分部分项工程工程量清单与计价表

序号	项目编码	项目名称	项目特征描述	计量单位	工程量	金额/元	
						综合单价	合价
1	010801001001	镶板木门	无亮单扇杉木无纱镶板门，单扇面积：1.76m²	m²	52.8		
2	010801001002	镶板木门	无亮双扇杉木无纱镶板门，单扇面积：1.76m²	m²	35.2		
3	010807001001	铝合金推拉窗	铝合金推拉窗外围尺寸1.44m²	m²	64.8		
4	010808001001	贴脸板	100mm 宽杉木装饰线脚	m²	0.52		

6.3.2　门窗其他装饰的计价

计算分部分项工程清单项目费用，应先计算并填写分部分项工程工程量清单综合单价分析表，再计算该分项工程的费用，并填入分部分项工程工程量清单与计价表中。

【例 6-8】试根据例 6-5 编制的工程量清单，编制其综合单价分析表及分部分项工程工程量清单与计价表。

【解】

（1）综合单价的计算

1）木门套的数量=2.62÷2.62÷10=0.1

2）综合单价的计算。

木门套的综合单价=110.64(元)

木门套的费用=110.64×2.62=289.88(元)

（2）填写分部分项工程工程量清单综合单价分析表（表 6-3-4）和分部分项工程工程量清单与计价表（表 6-3-5）

表 6-3-4　建筑装饰装修工程分部分项工程工程量清单综合单价分析表

项目编码	010808001001	项目名称	门窗套	计量单位	m²	工程量	2.62

清单综合单价组成明细											
定额编号	定额项目名称	定额单位	数量	单价/元				合价/元			
				人工费	材料费	机械使用费	管理费和利润	人工费	材料费	机械使用费	管理费和利润
B4-115	木工板直接安装在墙面上	10m²	0.1	156.80	407.97	0	29.79	15.68	40.80	0	2.98
B4-118	柚木胶合板面层	10m²	0.1	196.00	273.97	4.61	37.24	19.6	27.40	0.46	3.72
小计								35.28	68.20	0.46	6.70
未计价材料费											
清单项目综合单价								110.64			

注：人工单价为 140 元/工日。

表 6-3-5　建筑装饰装修工程分部分项工程工程量清单与计价表

项目编码	项目名称	项目特征描述	计量单位	工程量	金额/元		
					综合单价	合价	其中暂估价
010808001001	筒子板	1. 筒子板宽 300mm，厚 30mm 2. 细木工板基层 3. 柚木装饰面层	m²	2.62	110.64	289.88	
010808006001	贴脸板	80mm 宽柚木装饰线脚	m	7.04	22.63	159.32	

6.4　综合实战：某室内设计样板间门窗工程计量与计价

6.4.1　任务分析

参考前面给定的室内设计样板间图样（图 3-7-1～图 3-7-4，图 4-7-1～图 4-7-12，图 5-5-1 和图 5-5-2），查找相关清单项。

1．实战目标

掌握建筑装饰装修工程计价文件的编制方法及程序，能够熟练地计算门窗工程的工程量和准确地分析计算分项工程的综合单价，并完整计算门窗工程的费用。全面了解建筑装饰装修工程造价计量和计价的全过程。

2. 实战内容及深度

1）根据提供的装饰施工图纸，进行工程量计算，套用消耗量定额、取费标准，计算门窗工程的造价等工作；并根据已完成的老人房、主卧卫生间、主卧衣帽间的门窗工程量，计算门窗工程造价。

2）工程采用总承包形式。费率按《山西省建设工程计价依据　建设工程费用定额》（2018）取定。

6.4.2　实战主要步骤

步骤一：熟悉施工图纸，了解设计意图和工程全貌，以便正确计算工程量。

步骤二：按照现行工程量计算规范、预算定额工程量计算规则，结合给定的图纸，确定工程项目，做到不漏项、不缺项。确定工程项目计算工程量。

步骤三：套用山西省预算定额，填写分部分项工程工程量清单综合单价分析表。

步骤四：填写分部分项工程工程量清单与计价表。

6.4.3　实战参考资料

所用参考资料如下。

1）《建设工程工程量清单计价标准》（GB/T 50500—2024）。

2）《房屋建筑与装饰工程工程量计算标准》（GB/T 50854—2024）。

3）《山西省建设工程计价依据　建筑工程预算定额》（2018）。

4）《山西省建设工程计价依据　装饰工程预算定额》（2018）。

5）《山西省建设工程计价依据　建设工程费用定额》（2018）。

6.4.4　项目提交与展示

项目提交与展示需要学生攻克难关完成项目设定的实战任务后，进行成果的提交与展示。

1. 项目提交

1）分部分项工程工程量计算表（工程量计算书）。

2）分部分项工程工程量清单综合单价分析表。

3）分部分项工程工程量清单与计价表。

2. 项目展示

项目展示包括 PPT 演示、清单计价文件的展示及问答等。要求学生用演讲的方式展示其语言表达能力，并展示其清单计价文件的编制能力。

学生自述 5min 左右，用 PPT 演示文稿，展示清单计价文件编制的方法及体会。通过教师提问考查学生编制清单计价文件的规范性和准确性。

能力 评价　门窗工程计量与计价能力评价

项目评价需要专业指导教师和企业指导教师针对学生构造设计的过程、成果及答辩表现，综合评价并给出成绩。

1. 评价功能

1）检查学生项目实战的效果及学生观察问题、分析问题、应用专业知识解决实际问题的能力。

2）教师自检其选择的教学方法、手段、形式是否取得预期的教学成果。

2. 评价内容

1）工程量清单编制的准确性和完整性。

2）工程量计算的准确性。

3）定额套用和换算的掌握程度。

4）清单计价文件的规范性与完成情况。

5）对所提问题的回答是否充分及语言表达水平。

3. 成绩评定

总体评价参考比例标准：过程考核占40%，成果考核占40%，答辩占20%。

项目 7

油漆、涂料、裱糊工程计量与计价

项目引入　通过对本项目的整体认识，形成油漆、涂料、裱糊工程计量与计价的知识及技能体系。

▌学习目标　1. 掌握油漆、涂料、裱糊工程的工程量计算过程。
　　　　　　2. 掌握油漆、涂料、裱糊工程清单项目的计价过程。
　　　　　　3. 理解油漆、涂料、裱糊工程中相应项目的工程量计算规则。

▌能力要求　1. 能进行油漆类的计量与计价。
　　　　　　2. 能进行涂料类的计量与计价。
　　　　　　3. 能进行裱糊及其他项目的计量与计价。

▌思政目标　1. 树立服务社会的职业使命感和社会责任感。
　　　　　　2. 养成严谨认真、实事求是、追求卓越的职业精神。

项目解析　在项目引入基础上，专业指导教师针对学生的实际学习能力，对油漆、涂料、裱糊工程项目的计量与计价等进行解析，并结合工程实例、企业真实的工程项目任务，让学生获得相应的计量与计价知识。

7.1　项目概述：油漆、涂料、裱糊工程计量与计价概述

1. 油漆饰面工程

油漆是室内装饰中常用的材料，主要用于木质材料、金属材料和抹灰、混凝土面层。油漆饰面按涂饰基层的不同，可分为木材面油漆、抹面油漆和金属面油漆。按油漆的饰面效果，可分为混色油漆和清色油漆两类。混色油漆（也称混水油漆）使用的主漆一般为调和漆、磁漆；清色油漆使用的一般为各种类型的清漆。按装饰标准，油漆一般可分为普通油漆、中级油漆和高级油漆三个等级。

2. 建筑涂料涂饰工程

涂敷于建筑构件的表面，并能与建筑构件材料很好地黏结，形成完整而坚韧的保护膜的材料，称为建筑涂料，简称涂料。涂料具有美观、轻质、环保、隔热、色彩丰富、生产应用能耗低等多种优越性，因而被广泛应用于建筑室内外墙面施工。早期使用的涂料，是用桐油和漆树的液汁加工而成的，故称为油漆。随着石油化工和有机合成工业的发展，许多涂料不再使用油脂，主要使用合成树脂及乳液、无机硅酸盐和硅溶胶，分别称为溶剂型涂料、水溶性涂料和喷塑型涂料等。前两种涂料主要用于砖结构和混凝土结构的墙面、天棚面，而喷塑型涂料的施工范围较大，可在混凝土板、水泥墙、石灰膏板、木夹板、石棉板、金属板等表面进行饰面。目前水溶性涂料在建筑涂料中占有主要的地位，但为了解决涂料产品的运输包装问题，粉剂化涂料产品已成为建筑涂料的一个新品种。

3. 裱糊饰面工程

裱糊饰面工程是指在室内平整光洁的墙面、天棚面、柱体机和室内其他构件表面，用壁纸或墙布等材料裱糊的装饰工程。

 7.2　任务解析：油漆类计量与计价

7.2.1　油漆类的计量

1. 清单计量规则

1）门、窗油漆以"m²"计量，按设计图示洞口尺寸以面积计算。

2）木板条、线条油漆、抹灰线条油漆、线条刷涂料以"m²"计量，按设计图示尺寸以长度计算。

3）木材面油漆、金属面油漆、抹灰面油漆、刮腻子、金属面喷刷防火涂料、木材构件喷刷防火涂料、裱糊以"m²"计量，按设计图示尺寸以面积计算。

4）木地板油漆、木地板硬面烫蜡面以"m²"计量，按设计图示尺寸以面积计算。空洞、空圈、暖气包槽、壁龛的开口部分并入相应的工程量内。

5）金属构件油漆、金属构件除锈、金属构件喷刷防火涂料以"t"计量，按设计图示尺寸以构件质量计算。

6）墙面喷刷涂料、天棚喷刷涂料以"m²"计量，按设计图示尺寸以展开面积计算。洞口侧壁面积并入相应喷刷部位中计算。

7）空花格、栏杆刷涂料以"m²"计量，按设计图示尺寸以单面外围面积计算。

2. 定额计量规则

（1）木材面油漆

1）执行单层木门油漆的项目，其工程量计算规则及相应系数如表7-2-1所示。

表7-2-1 单层木门油漆的项目工程工程量计算规则及相应系数

序号	项目	系数	工程量计算规则（设计图示尺寸）
1	单层木门	1.00	门洞口面积
2	单层半玻门	0.85	
3	单层全玻门	0.75	
4	半截百叶门	1.50	
5	全百叶门	1.70	
6	厂库房大门	1.10	
7	纱门扇	0.80	
8	特种门（包括冷藏门）	1.00	
9	装饰门扇	0.90	扇外围尺寸面积
10	间壁、隔断	1.00	长×宽（满外量、不展开）
11	玻璃间壁露明墙筋	0.80	
12	木栅栏、木栏杆（带扶手）	0.90	

注：多面涂刷按单面计算工程量。

2）执行其他木材面油漆的项目，其工程量计算规则及相应系数如表7-2-2所示。

表7-2-2 其他木材面油漆的项目工程工程量计算规则及相应系数

序号	项目	系数	工程量计算规则（设计图示尺寸）
1	木板、胶合板天棚	1.00	长×宽
2	屋面板带檩条	1.10	斜长×宽
3	清水板条檐口天棚	1.10	长×宽
4	吸音板（墙面或天棚）	0.87	
5	鱼鳞板墙	2.40	
6	木护墙、木墙裙、木踢脚	0.83	
7	窗台板、窗帘盒	0.83	
8	出入口盖板、检查口	0.87	
9	木屋架	1.77	跨度（长）×中高×1/2
10	以上未包括的其余木材面油漆	0.83	

3）执行木扶手（带/不带托板）油漆的项目，其工程量计算规则及相应系数如表7-2-3所示。

表7-2-3　木扶手（带/不带托板）油漆的项目工程工程量计算规则及相应系数

序号	项目	系数	工程量计算规则（设计图示尺寸）
1	木扶手（不带托板）	1.00	延长米
2	木扶手（带托板）	2.50	
3	封檐板、博风板	1.70	
4	挂衣板、黑板框、生活园地框	0.50	
5	挂镜线、窗帘棍、天棚压条	0.40	

4）木线条油漆按设计图示中心线尺寸以"延长米"计算。

5）木地板油漆按设计图示尺寸涂刷面积以"m^2"计量。

6）木龙骨刷防火、防腐涂料、防蛀虫剂均按设计图示尺寸投影面积以"m^2"计算。

7）基层板刷防火、防腐涂料、防蛀虫剂按实际涂刷面积以"m^2"计算。

8）油漆面抛光打蜡、清漆操底油按相应刷油部位油漆工程量计算规则计算。

（2）金属面油漆

1）金属面油漆、涂料（另做说明的除外）按设计图示尺寸涂刷面积以"m^2"计算。质量在500kg以内的单个金属构件，可参考表7-2-4中相应的系数，将质量（t）折算为面积（m^2）。

表7-2-4　质量折算面积参考系数

序号	项目	系数
1	钢栅拦门、栏杆、窗栅	64.98
2	钢爬梯	44.84
3	踏步式钢扶梯	39.90
4	轻型屋架	53.20
5	零星铁件	58.00

2）执行镀锌铁皮面涂刷磷化、锌黄底漆的项目，其工程量计算规则和系数如表7-2-5所示。

表7-2-5　金属平板屋面、镀锌铁皮面油漆的项目工程工程量计算规则和系数

序号	项目	系数	工程量计算规则（设计图示尺寸）
1	金属平板屋面	1.00	斜长×宽
2	瓦垄板屋面	1.20	
3	排水、伸缩缝盖板	1.05	展开面积
4	吸气罩	2.20	水平投影面积
5	包镀锌薄钢板门	2.20	门窗洞口面积

注：多面涂刷按单面计算工程量。

（3）抹灰面油漆、喷刷涂料

1）抹灰面油漆、涂料（另做说明的除外）按图示尺寸涂刷面积以"m^2"计算。

2）槽形底板、混凝土折瓦板、有梁底板、密肋底板、井字梁底板刷油漆、涂料（另做说明的除外）按设计图示尺寸展开面积以"m^2"计算。

3）墙面及天棚面刷石灰浆、石灰大白浆、可赛银浆，其工程量按相应抹灰工程量计算规

则计算。

4）槽形底板、混凝土折瓦板、有梁底板、密肋底板、井字梁底板刷石灰浆、石灰大白浆、可赛银浆，其工程量计算规则及相应系数如表 7-2-6 所示。

表 7-2-6 抹灰面油漆项目工程量计算规则及相应系数

序号	项目	系数	工程量计算规则（设计图示尺寸）
1	槽形底板、混凝土折板	1.30	长×宽
2	有梁底板	1.10	
3	密肋、井字梁底板	1.50	

5）混凝土花格窗刷（喷）油漆、涂料按设计图示尺寸窗洞口面积以"m²"计算。

6）混凝土栏杆、花饰刷（喷）油漆、涂料按设计图示尺寸垂直投影面积以"m²"计算。

7）软包面、地毯面喷阻燃剂按软包工程、地毯工程相应计算规则计算。

8）天棚、墙、柱面板缝粘贴胶带纸工程量按天棚、墙、柱面装饰面工程相应计算规则计算。

【例 7-1】某酒店包厢天棚平面图如图 7-2-1 所示，设计轻钢龙骨石膏板吊顶，具体构造做法如表 7-2-7 所示，龙骨间距 400mm×400mm，不上人型，暗窗帘盒，宽 200mm，墙厚 240mm。试计算顶棚的清单工程量及所包含的定额项目工程量，并编制其工程量清单。

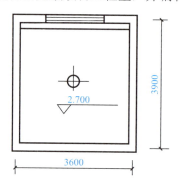

图 7-2-1 某酒店包厢天棚平面图

表 7-2-7 轻钢龙骨纸面石膏板吊顶构造做法

项目名称	构造做法
轻钢龙骨纸面石膏板吊顶	轻钢龙骨标准骨架：次龙骨间距 400mm×400mm，不上人型
	9mm 厚 1200mm×3000mm 纸面石膏板
天棚层刷乳胶漆	刮腻子，刷乳胶漆

【分析】本例的天棚中清单项为轻钢龙骨纸面石膏板吊顶及面层刷乳胶漆。定额项包含：①400mm×400mm，不上人型轻钢龙骨骨架；②9mm 厚 1200mm×3000mm 纸面石膏板；③刮腻子，刷乳胶漆。因此清单工程量与定额工程量须分别计算。在编制工程量清单时，则应注意填写工程量清单的"五要件"，即项目编码、项目名称、项目特征描述、计量单位和工程量。

【解】

（1）计算工程量

1）清单工程量的计算。

轻钢龙骨纸面石膏板吊顶=水平投影面积-与天棚相连的窗帘盒所占的面积

$$=(3.6-0.24)\times(3.9-0.24-0.2)\approx11.63(\text{m}^2)$$

面层刷乳胶漆=11.63(m^2)

2）定额工程量的计算。

平面吊顶龙骨的工程量=11.63(m^2)

纸面石膏板基层板=11.63(m^2)

面层刷乳胶漆=11.63(m^2)

天棚基层板胶带纸=纸面石膏板基层板=11.63(m^2)

（2）编制该分项工程的工程量清单（表 7-2-8）

表 7-2-8　建筑装饰装修工程分部分项工程工程量清单与计价表

序号	项目编码	项目名称	项目特征描述	计量单位	工程量	金额/元		
						综合单价	合价	其中暂估价
1	011302001001	轻钢龙骨纸面石膏板吊顶	1. 轻钢龙骨标准骨架；次龙骨间距 400mm×400mm，不上人型； 2. 9mm 厚 1200mm×3000mm 纸面石膏板	m^2	11.63			
2	011404002001	天棚面层刷乳胶漆	苯丙乳胶漆两遍	m^2	11.63			

【例 7-2】某建筑平面图如图 7-2-2 所示，外墙刷真石漆墙面，窗连门，全玻璃门、推拉窗，居中立樘，框厚 80mm，墙厚 240mm。试计算外墙真石漆项目清单工程量及所包含的定额项目工程量，并编制其工程量清单。

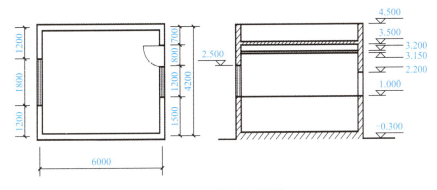

图 7-2-2　某建筑平面图

【解】

（1）计算工程量

1）清单工程量的计算。

外墙面真石漆工程量=墙面工程量+洞口侧面工程量

$$=(6+0.24+4.2+0.24)×2×(4.5+0.3)-(0.8×2.2+1.2×1.2+1.8×1.5)$$

$$+(1.8×2+1.5×2+0.8+1.2×2+2.2×2)×\frac{0.24-0.08}{2}$$

$$≈97.76(m^2)$$

2）定额工程量的计算。

外墙面真石漆工程量=97.76(m^2)

（2）编制该分项的工程量清单（表 7-2-9）

表 7-2-9　建筑装饰装修工程分部分项工程工程量清单与计价表

序号	项目编码	项目名称	项目特征描述	计量单位	工程量	综合单价	合价	其中暂估价
1	011403001001	外墙面真石漆	混凝土外墙面真石漆	m²	97.76			

7.2.2　油漆类的计价

计算分部分项工程清单项目费用，应先计算并填写分部分项工程工程量清单综合单价分析表，再计算该分项工程的费用，并填入分部分项工程工程量清单与计价表。

【例 7-3】试根据例 7-1 编制的工程量清单，编制其综合单价分析表及分部分项工程工程量清单计价表。

【解】

（1）综合单价的计算

1）轻钢龙骨纸面石膏板中相应数量。

平面吊顶龙骨的数量=11.63÷11.63÷100=0.01(m²)

纸面石膏板基层板=11.63÷11.63÷100=0.01(m²)

天棚基层板胶带纸=纸面石膏板基层板=11.63÷11.63÷100=0.01(m²)

面层刷乳胶漆的数量=11.63÷11.63÷100=0.01(m²)

2）清单项目综合单价。

轻钢龙骨纸面石膏板吊顶的综合单价=74.92(元)

天棚抹灰面刷乳胶漆的综合单价=22.78(元)

3）分部分项工程费。

轻钢龙骨纸面石膏板吊顶=11.63×74.92≈871.32(元)

天棚抹灰面刷乳胶漆=11.63×22.78≈264.93(元)

（2）填写分部分项工程工程量清单综合单价分析表（一）（表 7-2-10）、综合单价分析表（二）（表 7-2-11）和分部分项工程工程量清单与计价表（表 7-2-12）

表 7-2-10　建筑装饰装修工程分部分项工程工程量清单综合单价分析表（一）

项目编码	011302001001	项目名称	天棚吊顶	计量单位	m²	工程量	11.63

清单综合单价组成明细

定额编号	定额项目名称	定额单位	数量	人工费	材料费	机械使用费	管理费和利润	人工费	材料费	机械使用费	管理费和利润
				单价/元				合价/元			
B3-20	轻钢龙骨400×400，不上人型	100m²	0.01	2226.00	1751.10	8.70	422.94	22.26	17.51	0.09	4.23
B3-85	纸面石膏板基层板	100m²	0.01	515.20	1875.09	0	97.89	5.15	18.75	0	0.98
B5-222	天棚基层板贴胶带纸	100m²	0.01	450.80	58.00	0	86.65	4.51	0.58	0	0.86
小计								31.92	36.84	0.09	6.07
未计价材料费											
清单项目综合单价								74.92			

注：人工单价为 140 元/工日。

表 7-2-11　建筑装饰装修工程分部分项工程工程量清单综合单价分析表（二）

项目编码	011406001001	项目名称		天棚刷乳胶漆	计量单位		m^2	工程量		11.63
清单综合单价组成明细										
定额编号	定额项目名称	定额单位	数量	单价/元				合价/元		
				人工费	材料费	机械使用费	管理费和利润	人工费	材料费	机械使用费	管理费和利润
B5-170	天棚面层刷乳胶漆	100m²	0.01	1436.40	596.20	0	272.92	14.36	5.69	0	2.73
小计								14.36	5.69	0	2.73
未计价材料费											
清单项目综合单价								22.78			

注：人工单价为 140 元/工日。

表 7-2-12　建筑装饰装修工程分部分项工程工程量清单与计价表

序号	项目编码	项目名称	项目特征描述	计量单位	工程量	金额/元		
						综合单价	合价	其中暂估价
1	011302001001	轻钢龙骨纸面石膏板吊顶	1. 轻钢龙骨标准骨架：次龙骨间距 400mm×400mm，不上人型； 2. 9mm 厚 1200mm×3000mm 纸面石膏板	m²	11.63	74.92	871.32	
2	011404002001	天棚面层刷乳胶漆	苯丙乳胶漆两遍	m²	11.63	22.78	264.93	

 7.3 任务解析：涂料类计量与计价

7.3.1　涂料类的计量

1. 清单计量规则

1）墙面喷刷涂料、天棚喷刷涂料以"m^2"计量，按设计图示尺寸以展开面积计算。洞口侧壁面积并入相应喷刷部位中计算。

2）空花格、栏杆刷涂料以"m^2"计量，按设计图示尺寸以单面外围面积计算。

3）线条刷涂料以"m^2"计量，按设计图示尺寸以长度计算。

4）金属面喷刷防火涂料、木材构件喷刷防火涂料以"m^2"计量，按设计图示尺寸以构件质量计算。

5）金属构件喷刷防火涂料以"t"计量，按设计图示尺寸以构件质量计算。

2. 定额计量规则

1）抹灰面涂料（另做说明的除外）按设计图示尺寸实际喷刷面积以"m²"计算。

2）墙面刷石灰油浆、白水泥、石灰浆、石灰大白浆、普通水泥浆、可赛银浆、大白浆等涂料按设计图示尺寸垂直投影面积以"m²"计算，扣除墙裙抹灰面积，不扣除门窗洞口面积，但垛侧壁、门窗洞口侧壁及顶面亦不增加面积。

3）天棚面刷石灰油浆、白水泥、石灰浆、石灰大白浆、普通水泥浆、可赛银浆、大白浆等涂料按设计图示尺寸水平投影面积以"m²"计算，不扣除间壁墙、附墙垛、附墙柱、附墙烟囱和检查洞所占面积。

4）混凝土花格窗、栏杆花饰刷（喷）涂料按设计图示洞口面积以"m²"计算。

【例 7-4】根据例 7-2 中的图 7-2-2，木墙裙高 1000mm，上润油粉、刮腻子、油色、清漆四遍，磨退出亮；内墙抹灰面满刮腻子两遍，贴对花墙纸，挂镜线 25mm×50mm，刷底油一遍、调和漆两遍，挂镜线以上及天棚刷仿瓷涂料两遍。试计算仿瓷涂料项目清单工程量及所包含的定额项目工程量，并编制其工程量清单。

【解】

（1）计算工程量

仿瓷涂料清单工程量=定额工程量=天棚涂料工程量+墙面涂料工程量

$$=(6-0.24)×(4.2-0.24)+(6-0.24+4.2-0.24)×2×(3.5-3.2)$$
$$=5.76×3.96+(5.76+3.96)×2×0.3≈28.64(m^2)$$

（2）编制该分项工程的工程量清单（表 7-3-1）

表 7-3-1　建筑装饰装修工程分部分项工程工程量清单与计价表

序号	项目编码	项目名称	项目特征描述	计量单位	工程量	综合单价	合价	其中暂估价
1	011404002001	仿瓷涂料	天棚混凝土面刷仿瓷涂料	m²	28.64			

7.3.2　涂料类的计价

计算分部分项工程清单项目费用，应先计算并填写分部分项工程工程量清单综合单价分析表，再计算该分项工程的费用，并填入分部分项工程工程量清单与计价表中。

【例 7-5】试根据例 7-4 编制的工程量清单，编制其综合单价分析表及分部分项工程工程量清单计价表。

【解】

（1）综合单价的计算步骤

数量=清单项目组价内容工程量÷清单项目工程量=$b÷a$

仿瓷涂料项目中相应数量=28.64÷28.64÷100=0.01

清单项目综合单价=$\sum[(b÷a×人工费+b÷a×材料费+b÷a×机械使用费+b÷a×企业管理费+b÷a×利润)]$

仿瓷涂料的综合单价=23.21(元)

分部分项工程费=$\sum(分部分项清单项目工程量×相应清单项目综合单价)$

$$=28.64×23.21≈664.73(元)$$

（2）填写分部分项工程工程量清单综合单价分析表（表 7-3-2）和分部分项工程工程量清单与计价表（表 7-3-3）

表 7-3-2　建筑装饰装修工程分部分项工程工程量清单综合单价分析表

项目编码	011404002001	项目名称	仿瓷涂料	计量单位	m²	工程量	28.64

				清单综合单价组成明细							
定额编号	定额项目名称	定额单位	数量	单价/元				合价/元			
				人工费	材料费	机械使用费	管理费和利润	人工费	材料费	机械使用费	管理费和利润
B5-188	仿瓷涂料	100m²	0.01	1663.20	341.60	0	316.01	16.63	3.42	0	3.16
小计								16.63	3.42	0	3.16
未计价材料费											
清单项目综合单价								23.21			

注：人工单价为 63 元/工日。

表 7-3-3　建筑装饰装修工程分部分项工程工程量清单与计价表

序号	项目编码	项目名称	项目特征	计量单位	工程量	金额/元		
						综合单价	合价	其中暂估价
1	011404002001	仿瓷涂料	天棚混凝土面刷仿瓷涂料	m²	28.64	23.21	664.73	

7.4　任务解析：裱糊类及其他计量与计价

7.4.1　裱糊类及其他的计量

1. 清单计量规则

裱糊按设计图示尺寸以面积计算。

视频：裱糊计量

2. 定额计量规则

墙面、天棚面裱糊按设计图示尺寸实际裱糊面积以"m²"计算。

【例 7-6】图 7-4-1 所示为某内外墙面装饰工程，休息室墙面贴壁纸，接待室墙刷乳胶漆，室内做高 1200mm 的木墙裙。

其他相关数据：内、外墙厚均为 240mm；门扇为木龙骨水曲柳面层，其中，M-1 尺寸为 1500mm×2100mm，M-2 尺寸为 900mm×2100mm；C-1 尺寸为 1500mm×1500mm；C-2 尺寸为 1200mm×800mm；室内净高 3.5m；外墙顶标高 4.5m；设计室外地坪标高-0.45m。试计算休息室墙面贴壁纸，接待室刷乳胶漆两遍的清单工程量及所包含的定额项目工程量，并编制其工程量清单。

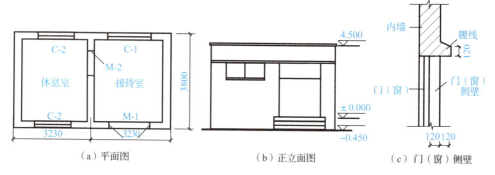

（a）平面图　　　　　　（b）正立面图　　　　　　（c）门（窗）侧壁

图 7-4-1　某内外墙面装饰工程

【解】

（1）计算工程量

休息室墙面贴壁纸工程量=净长度×净高-门窗洞+垛及门窗侧面

$$=[(3.23-0.36)\times2+(3.80-0.48)\times2]\times(3.5-1.2)-[(0.9\times0.9)$$
$$+(1.20\times0.80)\times2]+[0.9+0.9\times2+(1.2+0.8)\times2\times2]\times0.12$$
$$=28.474-2.73+1.284\approx27.03(\text{m}^2)$$

接待室刷乳胶漆工程量=净长度×净高-门窗洞+垛及门窗侧面

$$=[(3.23-0.36)\times2+(3.80-0.48)\times2]\times(3.5-1.2)-0.9\times0.9-1.5\times1.5$$
$$-1.5\times2.1+[(0.9+0.9\times2)+(1.5+1.5)\times2+(1.5+0.9\times2)]\times0.12$$
$$=28.474-6.21+1.44\approx23.70(\text{m}^2)$$

（2）编制该分项工程的工程量清单（表 7-4-1）

表 7-4-1　建筑装饰装修工程分部分项工程工程量清单与计价表

序号	项目编码	项目名称	项目特征描述	计量单位	工程量	金额/元		
						综合单价	合价	其中暂估价
1	011405001001	休息室墙面贴壁纸	抹灰面贴普通壁纸	m²	27.03			
2	011404001001	接待室刷乳胶漆	抹灰面刷乳胶漆	m²	23.70			

7.4.2　裱糊类及其他的计价

计算分部分项工程清单项目费用，应先计算并填写分部分项工程工程量清单综合单价分析表，再计算该分项工程的费用，并填入分部分项工程工程量清单与计价表中。

【例 7-7】试根据例 7-6 编制的工程量清单，编制其综合单价分析表及分部分项工程工程量清单计价表。

【解】

（1）综合单价的计算步骤

1）数量=清单项目组价内容工程量÷清单项目工程量=$b\div a$

休息室墙面贴壁纸的数量=27.03÷27.03÷100=0.01

接待室乳胶漆的数量=23.70÷23.70÷100=0.01

2）清单项目综合单价=$\sum[(b \div a \times 人工费 + b \div a \times 材料费 + b \div a \times 机械费 + b \div a \times 企业管理费 + b \div a \times 利润)]$

休息室墙面贴壁纸的综合单价=39.67(元)

接待室乳胶漆的综合单价=19.36(元)

3）分部分项工程费=$\sum$(分部分项清单项目工程量×相应清单项目综合单价)

休息室墙面贴壁纸=27.03×39.67≈1072.28(元)

接待室乳胶漆=23.70×19.36≈458.83(元)

（2）填写分部分项工程工程量清单综合单价分析表（一）（表 7-4-2）、综合单价分析表（二）（表 7-4-3）和分部分项工程工程量清单与计价表（表 7-4-4）

表 7-4-2　建筑装饰装修工程分部分项工程工程量清单综合单价分析表（一）

项目编码	011405001001		项目名称	休息室墙面贴壁纸		计量单位	m²		工程量		25.95
清单综合单价组成明细											
定额编号	定额项目名称	定额单位	数量	单价/元				合价/元			
				人工费	材料费	机械使用费	管理费和利润	人工费	材料费	机械使用费	管理费和利润
B5-224	休息室墙面贴壁纸	100m²	0.01	840.00	2966.58	0	159.6	8.40	29.67	0	1.60
小计								8.40	29.67	0	1.60
未计价材料费											
清单项目综合单价								39.67			

注：人工单价为 63 元/工日。

表 7-4-3　建筑装饰装修工程分部分项工程工程量清单综合单价分析表（二）

项目编码	011404001001		项目名称	接待室刷乳胶漆		计量单位	m²		工程量		23.70
清单综合单价组成明细											
定额编号	定额项目名称	定额单位	数量	单价/元				合价/元			
				人工费	材料费	机械使用费	管理费和利润	人工费	材料费	机械使用费	管理费和利润
B5-169	接待室刷乳胶漆	100m²	0.01	1149.40	569.20	0	218.39	11.49	5.69	0	2.18
小计								11.49	5.69	0	2.18
未计价材料费											
清单项目综合单价								19.36			

注：人工单价为 63 元/工日。

表 7-4-4　建筑装饰装修工程分部分项工程工程量清单与计价表

序号	项目编码	项目名称	项目特征描述	计量单位	工程量	金额/元		
						综合单价	合价	其中暂估价
1	011405001001	休息室墙面贴壁纸	抹灰面贴普通壁纸	m²	27.03	39.67	1072.28	
2	011404001001	接待室刷乳胶漆	抹灰面刷乳胶漆	m²	23.07	19.36	458.83	

7.5 综合实战：某室内设计样板间油漆、涂料、裱糊工程计量与计价

7.5.1 任务分析

参照前面给定的室内设计样板间图样（图 3-7-1～图 3-7-4、图 4-7-1～图 4-7-12、图 5-5-1 和图 5-5-2），构造做法以施工图设计要求为准，当设计无要求时可采用定额常规做法。

1. 实战目标

掌握建筑装饰装修工程计价文件的编制方法及程序，能够熟练地计算油漆、涂料、裱糊工程的工程量和准确地分析计算分项工程的综合单价，并完整计算油漆、涂料、裱糊工程的费用。全面了解建筑装饰装修工程造价的计量和计价的全过程。

2. 实战内容及深度

1）根据提供的装饰施工图纸，进行工程量计算，套用消耗量定额、取费标准，计算油漆、涂料、裱糊工程的造价等工作；并根据完成的油漆、涂料、裱糊工程的工程量，计算油漆、涂料、裱糊工程造价。

2）工程采用总承包形式。相关费率按《山西省建设工程计价依据 建设工程费用定额》（2018）取定。

7.5.2 实战主要步骤

步骤一：熟悉施工图纸，了解设计意图和工程全貌，以便正确计算工程量。

步骤二：按照现行工程量计算规范、预算定额工程量计算规则，结合给定的图纸，确定工程项目，做到不漏项、不缺项。确定工程项目计算工程量。

步骤三：套用山西省预算定额，填写分部分项工程工程量清单综合单价分析表。

步骤四：填写分部分项工程工程量清单与计价表。

7.5.3 实战参考资料

所用的参考资料如下。

1）《建设工程工程量清单计价标准》（GB/T 50500—2024）。

2）《房屋建筑与装饰工程工程量计算标准》（GB/T 50854—2024）。

3）《山西省建设工程计价依据 建筑工程预算定额》（2018）。

4）《山西省建设工程计价依据 装饰工程预算定额》（2018）。

5）《山西省建设工程计价依据 建设工程费用定额》（2018）。

7.5.4　项目提交与展示

项目提交与展示需要学生攻克难关完成项目设定的实战任务后，进行成果的提交与展示。

1. 项目提交

1）分部分项工程工程量计算表（工程量计算书）。
2）分部分项工程工程量清单综合单价分析表。
3）分部分项工程工程量清单计价表。

2. 项目展示

项目展示包括 PPT 演示、清单计价文件的展示及问答等内容。要求学生用演讲的方式展示最佳的语言表达能力，并展示其清单计价文件的编制能力。

学生自述 5min 左右，用 PPT 演示文稿，展示其清单计价文件编制的方法及体会。通过教师提问考查学生编制清单计价文件的规范性和准确性。

能力 评价　油漆、涂料、裱糊工程计量与计价能力评价

项目评价需要专业指导教师和企业指导教师针对学生构造设计的过程、成果及答辩表现，综合评价并给出成绩。

1. 评价功能

1）检查学生项目实战的效果及学生观察问题、分析问题、应用专业知识解决实际问题的能力。
2）教师自检其选择的教学方法、手段、形式是否取得预期的教学成果。

2. 评价内容

1）工程量清单编制的准确性和完整性。
2）工程量计算的准确性。
3）定额套用和换算的掌握程度。
4）清单计价文件的规范性与完成情况。
5）对所提问题的回答是否充分及语言表达水平。

3. 成绩评定

总体评价参考比例标准：过程考核占 40%，成果考核占 40%，答辩占 20%。

项目 8

其他装饰工程计量与计价

项目引入 通过对本项目的整体认识，形成其他装饰工程计量与计价的知识及技能体系。

▌**学习目标** 1. 掌握其他装饰工程的工程量计算过程。
2. 掌握其他装饰工程清单项目的计价过程。
3. 理解其他装饰工程中相应项目的工程量计算规则。

▌**能力要求** 能够进行其他装饰工程的计量与计价。

▌**思政目标** 1. 树立安全意识、数据意识、效率意识，形成良好的职业习惯。
2. 培养辩证思维、批判性思维，不盲从权威，不迷信教条。

项目解析 在项目引入的基础上，专业指导教师针对学生的实际学习能力，对其他装饰工程项目的计量与计价等进行解析，并结合工程实例、企业实际的工程项目任务，让学生获得相应的计量与计价知识。

8.1 项目概述：其他装饰工程计量与计价概述

其他装饰工程计量与计价主要指的是以下几个方面的计量与计价。

1）厨房壁柜和厨房吊柜（区别：以嵌入墙内为壁柜，以支架固定在墙上的为吊柜）。

2）台柜（规格以能分离的成品单体长、宽、高来表示）。

3）镜面玻璃、灯箱等的基层材料（指玻璃背后的衬垫材料，如胶合板、油毡等）。

4）腻子要求［分为刮腻子遍数（道数）、满刮腻子和找补腻子等］。

5）装饰线和美术字的基层类型（指装饰线、美术字依托体的材料）。

6）旗杆高度［指旗杆台座上表面至杆顶的尺寸（包括球珠）］。

7）美术字的字体规格（以字的外接矩形长、宽和字的厚度来表示）。

8.2 任务解析：其他装饰工程计量与计价

8.2.1 其他装饰工程的计量

1. 清单计量规则

（1）柜、架、台

柜、架、台按设计图示尺寸以正投影面积计算。

（2）装饰线条

装饰线条按设计图示尺寸以中心线长度计算。

（3）扶手、栏杆、栏板装饰

扶手按设计图示以扶手中心线长度计算。

带扶手的和不带扶手的栏杆、栏板按设计图示以栏杆、栏板中心线长度计算。

成品栏杆、栏板按设计图示以栏杆、栏板中心线长度计算。

（4）暖气罩

暖气罩按设计图示尺寸以垂直投影面积（不展开）计算。

（5）浴厕配件

洗漱台按设计图示尺寸以台面外接矩形面积计算。不扣除孔洞、挖弯、削角所占面积；挡板、吊沿板面积并入台面面积。

微课：压条、装饰线计量

视频：柜类、货架计量

视频：美术字计量

浴厕配件以"个"计量，按设计图示数量计算。

镜面玻璃以"m²"计量，按设计图示尺寸以边框外围面积计算。

镜箱以"个"计量，按设计图示数量计算。

（6）雨篷、旗杆、装饰柱

装饰板雨篷以"m²"计量，按设计图示尺寸以水平投影面积计算。

金属旗杆、成品装饰柱以"根"计量，按设计图示数量计算。

（7）招牌、灯箱

平面、箱式招牌按设计图示尺寸以正立面边框外围面积计算。复杂形的凹凸造型部分不增加。

竖式标箱、灯箱、信报箱以"个"计量，按设计图示数量计算。

（8）美术字

美术字以"个"计量，按设计图示数量计算。

2. 定额计量规则

1）柜台、货架按各子目计量单位计算。其中以"m²"为计量单位的项目，其工程量均以正立面的高（包括脚的高度在内）乘以宽计算。

2）压条、装饰线条安装按线条中心线以"延长米"计算。压条、装饰线条带45°割角时，按线条外边线长度以"m"计算。

3）①栏杆、栏板、扶手（另做说明的除外）均按设计图示尺寸中心线长度（包括弯长度）以"m"计算。设计为成品整体弯头时，工程量需扣除整体弯头长度（设计不明确的，按每只整体弯头400mm计算）；②成品栏杆栏板、护窗栏杆按设计图示尺寸中心线长度（不包括弯头长度）以"m"计算；③整体弯头按设计图示数量以"个"计算。

4）明式暖气罩按图示尺寸展开面积以"m²"计算，扣除散热花饰网片所占面积，散热花饰网片设计图示尺寸网片面积以"m²"计算。

5）大理石洗漱台按设计图示尺寸以展开面积计算，挡板、吊沿板面积并入其中，不扣除孔洞、挖弯、削角所占面积。大理石台面面盆开孔按设计图示数量以"个"计算。

6）毛巾环、肥皂盒、浴巾架、浴帘杆、浴缸拉手、毛巾杆等按设计图示数量以"套"计算。

7）盥洗室台镜（带框）、盥洗室木镜箱按边框外围面积以"m²"计算。盥洗室塑料镜箱按设计图示数量以"个"计算。

8）不锈钢旗杆按设计图示数量以"根"计算。旗杆电动升降系统和风动系统按设计图示数量以"套"计量。

9）招牌灯箱包括以下三种情况。

① 木骨架按设计图示正立面尺寸以"m²"计算。

② 钢骨架按设计图示尺寸乘以单位理论质量以"t"计算。平面者为一般形，有凹凸造型者为复杂形。

③ 基层板、面层板，按设计图示展开面积以"m²"计算。

10）美术字按设计图示数量以"个"计算。

11）成品保护包括以下三种情况。

① 楼梯、台阶成品保护按设计图示尺寸水平投影面积（只包括踏步部分）以"m²"计算。

② 栏杆、扶手成品保护按设计图示尺寸扶手中心线长度以"m"计算。

③ 其他成品保护按被保护面层的面积以"m²"计算。

【例 8-1】某房间有附墙矮柜，其中 3 个尺寸为 1600mm×450mm×850mm，2 个尺寸为 1200mm×400mm×800mm。试计算清单工程量及所包含的定额项目工程量，并编制其工程量清单。

【解】

（1）计算工程量

1）清单工程量如下。

$$1600mm×450mm×850mm 矮柜清单工程量=3(个)$$
$$1200mm×400mm×800mm 矮柜清单工程量=2(个)$$

2）定额工程量如下。

柜台、货架按各子目计量单位计算。其中以"m²"为计量单位的货架、橱柜类工程量均以正立面的高（包括脚的高度在内）乘以宽计算。

$$1600mm×450mm×850mm 矮柜定额工程量=1.6×0.85×3=4.08(m²)$$
$$1200mm×400mm×800mm 矮柜消耗工程量=1.2×0.8×2=1.92(m²)$$

（2）编制该分项工程的工程量清单（表 8-2-1）

表 8-2-1　建筑装饰装修工程分部分项工程工程量清单与计价表

序号	项目编码	项目名称	项目特征描述	计量单位	工程量	金额/元		
						综合单价	合价	其中暂估价
1	011501004001	附墙矮柜	附墙矮柜 1600mm×450mm×850mm	个	3			
2	011501004002	附墙矮柜	附墙矮柜 1200mm×400mm×800mm	个	2			

【例 8-2】某装饰工程共做 15 个明式暖气罩，尺寸如图 8-2-1 所示，木结构龙骨，18mm 胶合板，柚木板面层，木质花格散热片（规格为 900mm×600mm）。试计算清单工程量及所包含的定额项目工程量，并编制其工程量清单。

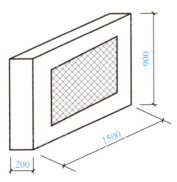

图 8-2-1　明式暖气罩

【解】

（1）计算工程量

1）清单工程量的计算。

暖气罩按设计图示尺寸以垂直投影面积计算。

$$工程量=0.9×1.5×15=20.25(m^2)$$

2）定额工程量的计算。

本例根据计算规则可列木结构龙骨、基层板、面层和木质花格散热片共四项。

木结构龙骨工程量按图示尺寸以展开面积计算，即

$$木结构龙骨工程量=(1.5×0.9+0.2×0.9×2+1.5×0.2-0.9×0.6)×15=22.05(m^2)$$

18mm 厚胶合板基层工程量按在木结构龙骨上的工程量计算，即

$$18mm 厚胶合板基层工程量=22.05(m^2)$$

柚木板面层工程量按在木结构龙骨上的工程量计算，即

$$柚木板面层工程量=22.05(m^2)$$

木质花格散热片工程量按设计尺寸以面积计算，即

$$木质花格散热片工程量=0.9×0.6=0.54(m^2)$$

（2）编制该分项工程的工程量清单（表 8-2-2）

表 8-2-2　建筑装饰装修工程分部分项工程工程量清单与计价表

序号	项目编码	项目名称	项目特征描述	计量单位	工程量	金额/元		
						综合单价	合价	其中暂估价
1	011504001001	明式暖气罩	明式暖气罩，木结构龙骨，18mm 胶合板，柚木板面层，木质花格散热片（规格为 900mm×600mm）	m²	20.25			

【例 8-3】某卫生间洗漱台平面图如图 8-2-2 所示，1500mm×1050mm 车边镜，20mm 厚孔雀绿大理石台饰。试计算大理石洗漱台及装饰线的清单工程量，并编制其工程量清单。

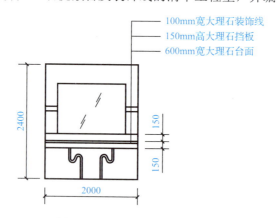

图 8-2-2　某卫生间洗漱台平面图

【解】

（1）计算工程量

洗漱台的工程量=台面面积+挡板面积+吊沿面积

$$=2×0.6+0.15×(2+0.6+0.6)+2×(0.15-0.02)=1.2+0.15×3.2+2×0.13=1.94(m^2)$$

$$大理石装饰线工程量=2-1.5=0.5(m)$$

（2）编制该分项的工程量清单（表 8-2-3）

表 8-2-3 建筑装饰装修工程分部分项工程工程量清单与计价表

序号	项目编码	项目名称	项目特征描述	计量单位	工程量	综合单价	合价	其中暂估价
1	011505001001	大理石洗漱台	1. 600mm 宽大理石台面； 2. 150mm 高大理石挡板； 3. 150mm 宽大理石吊沿板	m²	1.94			
2	011502001001	大理石装饰线	100mm 宽大理石装饰线	m	0.5			

【例 8-4】 某酒店共有客房卫生间 40 个，每间均设置一个浴缸拉手、毛巾杆、塑料镜箱。试计算清单工程量及所包含的定额项目工程量，并编制其工程量清单。

【解】

（1）计算工程量

根据工程量计算规则，可列浴缸拉手、毛巾杆、塑料镜箱三个项目。

浴缸拉手按"个"计算，即 1×40=40(个)。

毛巾杆按"套"计算，即 1×40=40(套)。

塑料镜箱按"个"计算，即 1×40=40(个)。

（2）编制该分项工程的工程量清单（表 8-2-4）

表 8-2-4 建筑装饰装修工程分部分项工程工程量清单与计价表

序号	项目编码	项目名称	项目特征描述	计量单位	工程量	综合单价	合价	其中暂估价
1	011505002001	浴缸拉手	浴缸拉手	个	40			
2	011505002002	毛巾杆	毛巾杆	套	40			
3	011505004001	塑料镜箱	塑料镜箱	个	40			

【例 8-5】 某工程檐口上方设招牌，长 16m，高 1.2m，木结构龙骨，18mm 木基层板，铝塑板面层，上嵌 6 个 1000mm×1000mm PVC 大字。试计算清单工程量及所包含的定额项目工程量，并编制其工程量清单。

【解】

（1）计算工程量

1）清单工程量的计算。

$$招牌清单工程量=16×1.2=19.2(m^2)$$
$$PVC 字工程量=6(个)$$

2）定额工程量的计算。

$$招牌龙骨工程量=16×1.2=19.2(m^2)$$
$$招牌基层工程量=16×1.2=19.2(m^2)$$
$$招牌面层工程量=16×1.2=19.2(m^2)$$
$$PVC 面积 1m^2 字工程量=6(个)$$

（2）编制该分项工程的工程量清单（表 8-2-5）

表 8-2-5　建筑装饰装修工程分部分项工程工程量清单与计价表

序号	项目编码	项目名称	项目特征描述	计量单位	工程量	金额/元		
						综合单价	合价	其中暂估价
1	011507001001	招牌	1. 招牌长 16m，高 1.2m； 2. 木结构龙骨； 3. 18mm 木基层板； 4. 铝塑板面层	m²	19.2			
2	011508001001	PVC 字	1000mm×1000mm PVC 字	个	6			

【例 8-6】某店面墙面的钢结构箱式招牌，大小为 12000mm×2000mm×200mm，胶合板，铝塑板面层，钛金字 1500mm×1500mm 的 6 个、150mm×100mm 的 12 个。试计算招牌清单工程量及所包含的定额项目工程量，并编制其工程量清单。

【解】

（1）计算工程量

1）清单工程量的计算。

$$招牌清单工程量=12×2=24(m^2)$$
$$1500mm×1500mm 美术字工程量=6(个)$$
$$150mm×100mm 美术字工程量=12(个)$$

2）定额工程量的计算。

$$招牌基层(胶合板)工程量=12×2×2+12×0.2×2+2×0.2×2=53.6(m^2)$$
$$招牌面层(铝塑板)工程量=53.6(m^2)$$
$$钛金字 1500mm×1500mm(面积=1.5×1.5=2.25m^2)工程量=6(个)$$
$$钛金字 150mm×100mm(面积=0.15×0.1=0.015m^2)工程量=12(个)$$

（2）编制该分项工程的工程量清单（表 8-2-6）

表 8-2-6　建筑装饰装修工程分部分项工程工程量清单与计价表

序号	项目编码	项目名称	项目特征描述	计量单位	工程量	金额/元		
						综合单价	合价	其中暂估价
1	011507001001	招牌	1. 12000mm×2000mm×200mm； 2. 胶合板基层； 3. 铝塑板面层	m²	24			
2	011508001001	1500mm×1500mm 美术字	钛金字 1500mm×1500mm	个	6			
3	011508001002	150mm×100mm 美术字	钛金字 150mm×100mm	个	12			

8.2.2　其他装饰工程的计价

计算分部分项工程清单项目费用，应先计算并填写分部分项工程工程量清单综合单价分析表，再计算该分项工程的费用，并填入分部分项工程工程量清单与计价表中。

【例 8-7】试根据例 8-2 编制的工程量清单，编制其综合单价分析表及分部分项工程工程量清单与计价表。

【解】

（1）综合单价的计算步骤

1）数量=清单项目组价内容工程量÷清单项目工程量=$b÷a$。

$$木龙骨的数量=22.05÷20.25÷10=0.109$$

$$18mm 厚胶合板基层的数量=22.05÷20.25÷10=0.109$$

$$柚木板面层的数量=0.109$$

$$木质花格散热片的数量=0.54÷20.25÷10≈0.0027$$

2）清单项目综合单价=$\sum[(b÷a×人工费+b÷a×材料费+b÷a×机械使用费+b÷a×企业管理费+b÷a×利润)]$。

$$明式暖气罩的综合单价=211.31(元)$$

3）分部分项工程费=$\sum$(分部分项清单项目工程量×相应清单项目综合单价)。

$$明式暖气罩=20.25×211.31≈4279.03(元)$$

（2）填写分部分项工程工程量清单综合单价分析表（表 8-2-7）和分部分项工程工程量清单与计价表（表 8-2-8）

表 8-2-7　建筑装饰装修工程分部分项工程工程量清单综合单价分析表

项目编码	011504001001	项目名称	明式暖气罩	计量单位	m²	工程量	20.25

				清单综合单价组成明细						

定额编号	定额项目名称	定额单位	数量	单价/元				合价/元			
				人工费	材料费	机械使用费	管理费和利润	人工费	材料费	机械使用费	管理费和利润
B6-131	明式暖气罩柚木饰面板	10m²	0.109	270.21	280.44	4.61	51.34	29.45	30.57	0.50	5.60
B6-128	胶合板基层	10m²	0.109	273.00	421.94	4.28	51.87	29.76	45.99	0.47	5.65
B6-125	木龙骨	10m²	0.109	315.00	189.61	0	59.85	34.34	20.67		6.52
B6-135	木质花格散热片	10m²	0.0027	294.00	315.85	0	55.86	0.79	0.85	0	0.15
小计								94.34	98.08	0.97	17.92
未计价材料费											
清单项目综合单价								211.31			

注：人工单价为 63 元/工日。

表 8-2-8　建筑装饰装修工程分部分项工程工程量清单与计价表

序号	项目编码	项目名称	项目特征描述	计量单位	工程量	金额/元		
						综合单价	合价	其中暂估价
1	011504001001	明式暖气罩	明式暖气罩，木结构龙骨，18mm 胶合板，柚木板面层，木质花格散热片（规格为 900mm×600mm）	m²	20.25	211.31	4279.03	

8.3 综合实战：某室内设计样板间其他装饰工程计量与计价

8.3.1 任务分析

参照前面给定的室内设计样板间图样（图 3-7-1～图 3-7-4、图 4-7-1～图 4-7-12、图 5-5-1 和图 5-5-2），分析相关其他装饰工程。

1. 实战目标

掌握建筑装饰装修工程计价文件的编制方法及程序，能够熟练地计算装饰装修工程中其他装饰工程的工程量和准确地分析计算分项工程的综合单价，并完整计算其他装饰工程的费用。全面了解建筑装饰装修工程的计量和计价的全过程。

2. 实战内容及深度

1）根据提供的装饰施工图纸，进行工程量计算，套用消耗量定额、取费标准，计算其他装饰工程的造价等工作；并根据完成的其他装饰工程的工程量，计算其他装饰工程的工程造价。

2）工程采用总承包形式。相关费率按《山西省建设工程计价依据　建设工程费用定额》（2018）取定。

8.3.2 实战主要步骤

步骤一：熟悉施工图纸，了解设计意图和工程全貌，以便正确地计算工程量。

步骤二：按照现行工程量计算规范、预算定额工程量计算规则，结合给定的图纸，确定工程项目，做到不漏项、不缺项。确定工程项目计算工程量。

步骤三：套用山西省预算定额，填写分部分项工程量清单综合单价分析表。

步骤四：填写分部分项工程量清单与计价表。

8.3.3 实战参考资料

所用的参考资料如下。

1）《建设工程工程量清单计价标准》（GB/T 50500—2024）。

2）《房屋建筑与装饰工程工程量计算标准》（GB/T 50854—2024）。

3）《山西省建设工程计价依据　建筑工程预算定额》（2018）。

4）《山西省建设工程计价依据　装饰工程预算定额》（2018）。

5）《山西省建设工程计价依据　建设工程费用定额》（2018）。

8.3.4　项目提交与展示

项目提交与展示需要学生攻克难关完成项目设定的实战任务后,进行成果的提交与展示。

1．项目提交

1) 分部分项工程工程量计算表(工程量计算书)。
2) 分部分项工程工程量清单综合单价分析表。
3) 分部分项工程工程量清单与计价表。

2．项目展示

项目展示包括 PPT 演示、清单计价文件的展示及问答等。要求学生用演讲的方式,展示其语言表达能力,并展示其清单计价文件的编制能力。

学生自述 5min 左右,用 PPT 演示文稿,展示其清单计价文件编制的方法及体会。通过教师提问考查学生编制清单计价文件的规范性和准确性。

能力 评价　其他装饰工程计量与计价能力评价

项目评价需要专业指导教师和企业指导教师针对学生构造设计的过程、成果及答辩表现,综合评价并给出成绩。

1．评价功能

1) 检查学生项目实战的效果及学生观察问题、分析问题、应用专业知识解决实际问题的能力。
2) 教师自检其选择的教学方法、手段、形式所得的成果。

2．评价内容

1) 工程量清单编制的准确性和完整性。
2) 工程量计算的准确性。
3) 定额套用和换算的掌握程度。
4) 清单计价文件的规范性与完成情况。
5) 对所提问题的回答是否充分及语言表达水平。

3．成绩评定

总体评价参考比例标准:过程考核占 40%,成果考核占 40%,答辩占 20%。

参 考 文 献

高松鹤, 2014. 工程量清单计价编制与典型实例应用图解: 建筑工程[M]. 3版. 北京: 中国建材工业出版社.

刘恩超, 2014. 工程量清单计价编制与典型实例应用图解: 工程量清单计价基础知识与投标报价[M]. 2版. 北京: 中国建材工业出版社.

饶武, 2015. 建筑装饰工程计量与计价[M]. 2版. 北京: 机械工业出版社.

山西省工程建设标准定额站, 2018. 山西省建设工程计价依据 建筑工程预算定额[M]. 太原: 山西科学技术出版社.

山西省工程建设标准定额站, 2018. 山西省建设工程计价依据 装饰工程预算定额[M]. 太原: 山西科学技术出版社.

山西省工程建设标准定额站, 2018. 山西省建设工程计价依据 建设工程费用定额[M]. 太原: 山西科学技术出版社.

山西省工程建设标准定额站, 2018. 山西省建设工程计价依据 混凝土及砂浆配合比 施工机械、仪器仪表台班费用定额[M]. 太原: 山西科学技术出版社.

沈中友, 祝亚辉, 2016. 工程量清单计价实务[M]. 北京: 中国电力出版社.

肖伦斌, 罗滔, 2010. 建筑装饰工程计价[M]. 2版. 武汉: 武汉理工大学出版社.

中华人民共和国住房和城乡建设部, 2024. 建设工程工程量清单计价标准: GB/T 50500—2024. 北京: 中国计划出版社.

中华人民共和国住房和城乡建设部, 2024. 房屋建筑与装饰工程工程量计算标准: GB/T 50854—2024. 北京: 中国计划出版社.

朱照林, 2014. 工程量清单计价编制与典型实例应用图解: 装饰装修工程[M]. 3版. 北京: 中国建材工业出版社.